#탄수화물은줄이고
#다른영양소는골고루
#셰프의맛보장건강식
#고혈당고혈압비만탈출

맛있는 요리를 만드는 레시피가 있는 것처럼 웃음, 힐링, 성장을 만드는 레시피도 있을까요?
레시피팩토리는 모호함으로 가득한 이 세상에서 당신의 작은 행복을 위한 간결한 레시피가 되겠습니다.

당뇨와
고혈압 잡는

저탄수
균형식
다이어트

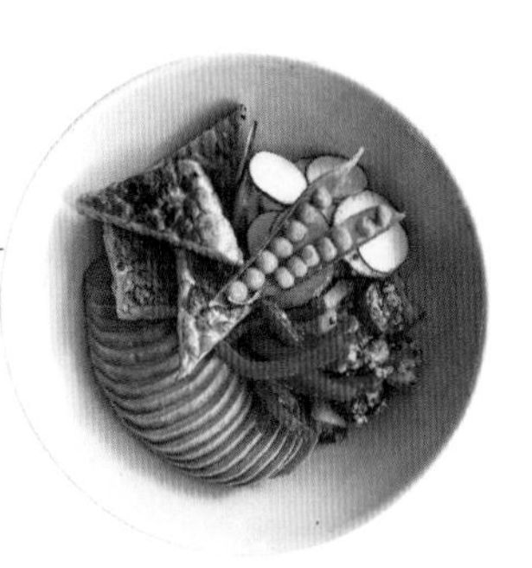

Guide

당뇨와 고혈압 잡는 저탄수 균형식 실천하기

abc 가이드

a advanced
준비 과정이 다소 많지만
도전할 만한 맛있는 레시피

b beginner
재료, 조리법이 모두 간단한
초보자를 위한 쉬운 레시피

c choice
저자가 특히 추천하는 레시피

Egg & Oatmeal
달걀 & 오트밀 요리

Soup & Salad & Sandwich
수프 & 샐러드 & 샌드위치

Contents

Main Dish
일품요리

Rice & Noodle
밥 & 면

Drink & Snack
음료 & 간식

레시피 따라 하기 전 꼭 읽어보세요!

레시피 구성과 영양 분석에 대한 가이드

- Tip을 영양, 요리로 나눠 넣었습니다. 영양 Tip에는 좀 더 건강하게 먹는 법이나 사용한 재료의 영양 정보를, 요리 Tip에는 대체 재료나 색다른 활용법 등을 소개합니다.

- 셰프인 저자가 요리를 만들고 맛보면서 겪은 에피소드와 메뉴명의 유래와 같은 알짜 상식을 정리했습니다.

- 인분수, 조리시간, 저장 방법, 보관 기간을 표기했습니다. 표준 계량도구(1컵은 200㎖, 1큰술은 15㎖, 1작은술은 5㎖)를 사용하였으며 계량도구 계량 시 윗면을 평평하게 깎도록 하세요.

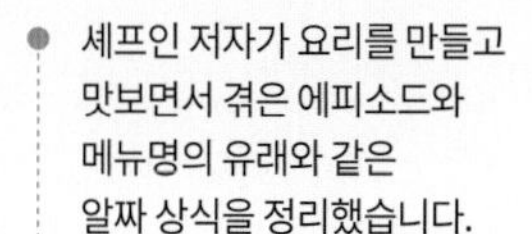

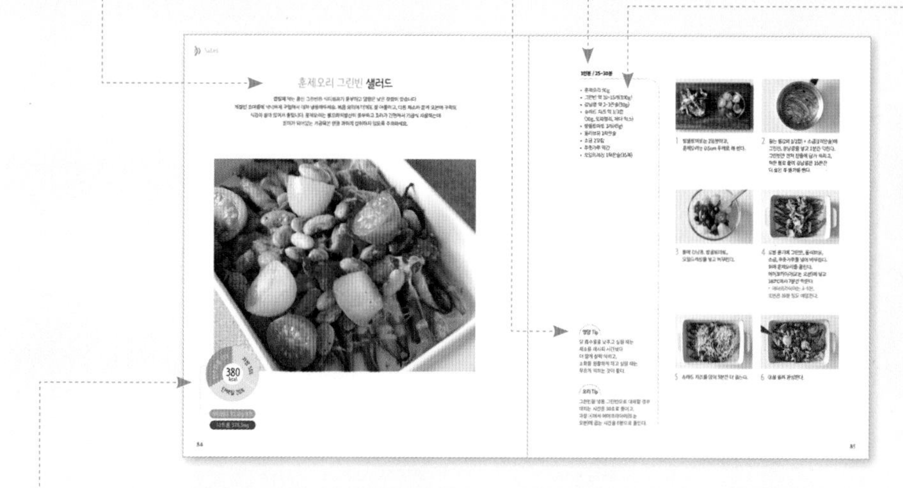

- 1개, 2개와 같이 개수로 표시된 재료(오이, 양파, 파프리카, 사과, 토마토 등)는 너무 크거나 작지 않은 중간 크기를 기준으로 표기했습니다. 또한 가능한 선에서 대체 재료를 최대한 소개했습니다.

- 모든 메뉴는 셰프인 저자가 맛과 영양을 고려해 직접 개발하고 식단을 통해 실천한 것들로 높은 혈당과 혈압, 과체중 등을 개선하는데 도움이 될 것입니다. 단, 당뇨병이나 고혈압을 치료하기 위한 질환식은 아니니 참고하세요.

- **모든 영양 분석**은 저자의 레시피에 의거해 한국영양학회가 개발한 CAN 프로그램으로 전문 영양사가 분석했습니다.

- 레시피에서는 1~4인분까지 다양하게 소개했으나 열량은 1인분(음료는 1컵, 간식은 1회) 기준입니다. 총 열량(칼로리)을 구성하는 탄수화물(당실 + 식이섬유), 단백실, 지방의 비율을 제시했습니다. 저탄수 균형식에서 가장 신경써야 할 탄수화물(특히 당질) 비율은 최대한 낮췄습니다. 또한 모든 메뉴는 당질 흡수를 더디게 하는 식이섬유, 지방 등을 함께 섭취할 수 있도록 구성했습니다.

- **식이섬유 수치**는 분량(g)과 함께 하루 충분섭취량(한국인 영양소 섭취기준에 명시된 성인 남성 30g, 여성 20g의 평균치인 25g 기준) 대비 비율도 함께 표기했습니다. 이 음식 하나로 오늘 식이섬유를 얼마나 섭취했나 파악할 수 있습니다. 식이섬유가 풍부한 메뉴는 물을 충분히 섭취하면, 식이섬유가 물을 흡수해 포만감이 더 크고 장 건강에도 좋습니다.

- **나트륨 수치**는 맛이 보장되는 범위에서 최대한 낮췄습니다. 한끼 식사의 경우 WHO 권고 사항인 약 700mg 이하로 맞췄으나, 김치나 불고기소스 등이 들어간 일부 한식 메뉴는 그 이상인 경우가 있습니다. 이들 메뉴는 나트륨 배출을 촉진하는 칼륨이 풍부한 채소를 함께 먹을 수 있게 메뉴를 구성했습니다.

저탄수 균형식 180일 챌린지, 매일 빠짐 없이 건강한 저탄수 음식으로 나를 돌본 시간

"호흡을 길게 유지해야 하는 저탄수 식단. 보다 즐겁게, 맛있게 만들기 위해 노력했던 하루하루가 모여 당뇨 전단계와 고혈압을 정상 수치로 되돌릴 수 있었습니다."

30대 후반, 당뇨 전단계 진단을 받다

"윤지아 씨, 당뇨 전단계예요. 수치상으로는 이미 당뇨인데, 아직 젊으시고 혈관은 나이 들어서까지 써야 하니까 약 처방은 미룰게요. 다음 진료가 있는 6개월 후까지 체중을 줄여야 해요. 혈당도 주 3회 이상 체크하시고 중간에라도 혈당이 너무 튀면 진료받으러 오세요." 서른여섯의 봄 즈음부터 컨디션이 좋지 않아 조마조마한 마음으로 건강검진을 받았어요. 검사 결과, 당뇨 전단계 소견을 받았습니다. 갑상선 기능도 많이 떨어져 있다고 하더군요.

어려서부터 모태 통통이었고, 먹는 걸 유난히 좋아하던 저는 요리사가 되었습니다. 고향인 전남 장흥은 평야, 바다, 산으로 둘러싸인 곳이라 사시사철 멋진 식재료들을 경험할 수 있었지요. 그래서 종종 "좋은 것만 먹고 찌운 살이라 아까워서 못 빼!"라는 말을 농담처럼 하기도 했어요. 요리사라는 직업은 다양하게 맛보고 경험하는 것도 경쟁력이 되다 보니 항상 미식과 탐식을 오가며 살았습니다.

그런데 언젠가부터 밥을 먹고 나면 졸려서 드러눕고 싶은 거예요. 자다가 깨서 화장실을 가는 경우도 잦아지고 목이 마르기도 하고요. 생각해 보면 평소에 맥박이 빠른 편이었고 목덜미가 당기는 두통도 있었어요. 날이 갈수록 무기력함이 심해져 쉽게 피로감을 느끼고 만사가 귀찮기도 했지요. 이게 모두 당뇨에 가까워지면서 나타나는 증상이라는 것을 결과를 보고 나서야 알았어요.

엉망진창 식사 습관, 폭식증, 당뇨 잡는 저탄수 균형식 180일 챌린지를 시작하다

요리사로 근무했던 지난 10여 년 동안 아침식사를 거의 먹지 않았어요. 손님들의 음식을 만들면서 항상 간을 체크해야 했기 때문에 속을 비워 두어야 했거든요. 그러다 보니 제 첫 끼는 브레이크타임인 오후 3시에서 4시 사이가 되었어요. 느끼해진 속을 달래줄 매콤한 짬뽕, 라면, 찌개류에 밥을 말아서 먹곤 했고, 먹는 양이 많지는 않았지만 쉬고 싶어서 빨리 먹는 편이었지요. 거기에 빵이나 면, 떡은 간식으로 여겨 양을 따지지 않고 배가 부르고 질릴 때까지 먹었습니다. 주스나 탄산음료 역시 보이면 망설임 없이 마셨었고, 식사의 마지막은 달콤한 디저트로 마무리하곤 했습니다. 다행히 술을 즐기는 편은 아니었어요. 걷거나 땀을 흘리는 걸 싫어해서 늘 차를 타고 다녔지요.
그중 가장 나쁜 것은 스트레스를 받으면 목구멍까지 차오르도록 먹고 토하는, 누군가에게 털어놓기 어려운 질환, 폭식증이었습니다.

먹고 나서 바로 구토하거나 과식 후 운동을 무리하게 하고, 식초나 칼로리 커팅제
(다이어트 보조제)를 섭취하는 행동이 반복될수록 몸은 힘들고 자괴감도 커져갔어요.
실질적으로 먹는 음식이 없었기 때문에 몸의 대사가 원활하게 이루어지지 않았고,
갑상선 호르몬 분비도 점점 줄어들어 기초대사량도 많이 떨어졌지요. 폭식증에서 벗어나기
위해 토하는 것을 멈추는 순간, 체중은 다시 급속도로 늘고 조금만 움직여도 힘이 들고
몸의 붓기가 심해졌습니다. 소화를 잘 시키지 못하니 소화불량이 생기기도 했고요.
그야말로 진퇴양난의 상황이었죠.

이런 저의 생활은 분명 달라질 필요가 있었어요. 고민 끝에 무리해가면서까지 유지하고 있던
쿠킹스튜디오를 정리하고 가족들 곁으로 삶의 터전을 옮겼습니다. 편안한 마음으로 온전히
삼시 세끼 나를 위한 요리를 만들고 정돈하며 일상의 루틴을 회복하는 시간을 보냈어요.
날이 밝으면 일어나서 움직이고 너무 늦게까지 깨어 있지 않도록 11시 반 이후에는 핸드폰을
보지 않았죠. 건강한 음식을 먹고 나서는 더 이상 죄책감이 들지 않아 게워내지 않게 되더군요.
잘 먹고, 잘 자고, 운동하고, 스트레스를 줄였더니 폭식을 하는 횟수도 줄어들었습니다.
그렇게 재검사까지, 자연스럽게 저탄수 균형식 180일 챌린지를 시작하게 되었습니다.

내 식사를 정확히 확인할 수 있는 혈당 체크를 실천하다

저탄수 균형식을 유지하는 것은 식사에서부터 고난이었습니다. 재료 각각의 당지수와
흡수율을 고려하면서도 영양성분을 골고루 챙겨야 하는데 무조건 채식만 고집해서도,
단백질만 많이 먹는다고 될 일도 아니었습니다. **저는 일단 설탕, 소금을 반으로 줄여서
요리하거나 흰쌀밥 대신 잡곡밥을 먹는 정도의 소소한 노력부터 해봤어요.**
익숙해지면 잡곡을 조금 더 섞어보고, 익힌 채소와 생 채소의 비율을 다르게 먹어보고,
지방의 종류를 바꿔보고 양을 늘리거나 줄여보고 하는 식이었죠.

건강한 식사를 챙겨 먹는 것이 일상이 되면서 자연스럽게 매일 자가혈당검사를 하고
혈압을 체크했습니다. **혈당과 혈압은 내가 뭘 먹었는지 어떻게 생활했는지가
매번 숫자로 가차 없이 보이니 경각심이 생겨서 즉각적인 대응이 가능하더군요.**
평소에는 주로 공복혈당(식사를 하고 나서 8시간 이상 지난 후에 측정한 혈당치.
주로 아침식사 전에 잰다)과 식후 2시간 혈당을 매일 체크했고, 컨디션이 좋지 않은 날은
공복혈당, 저녁 식전혈당, 저녁 식후 2시간 혈당, 잠들기 전 혈당까지
총 4회를 체크했습니다. 당뇨 전단계의 경우, 원래 주 3회 정도 혈당체크를 권장 받지만
저는 정말 궁금했어요. 내가 먹는 음식에 따라 숫자가 얼마나 차이가 나는지 말이에요.
혈당측정을 처음 시작하고 얼마간의 기록을 몇 가지 적어봅니다.

나의 식단과 혈당 일기

1월 9일 [첫 혈당 측정]

공복혈당 104mg/dl (오전 11시)
아침식사 현미 10% 흰쌀밥 90%로 지은 밥 1공기, 수란을 띄운 콩나물국 (국물 남김), 어리굴젓 3점, 미역초무침, 구운 김, 동치미
식후 2시간 혈당 115mg/dl

국물에는 나트륨이 많다고 해서 콩나물국의 국물을 덜 먹으려고 노력했다. 어우 기특해!

1월 22일 [최고 높았던 공복혈당]

공복혈당 125mg/dl
전날 저녁식사 도미회, 광어회, 매운탕에 라면사리, 지코바소금구이, 지코바양념구이

지코바 양념에 흰쌀밥이랑 치즈, 김 넣어서 볶음밥 먹음. 식단조절 폭망ㅠㅠ

1월 24일 [여전한 공복혈당]

공복혈당 125mg/dl
전날 저녁식사 카무트현미귀리밥, 강된장, 햄버거스테이크 2개, 쌈채소 약간

햄버거스테이크 2개의 여파는 꽤 크군. 반성

1월 28일 금요일 [공복혈당 떨어지기 시작]

공복혈당 109mg/dl

1월 29일

공복혈당 108mg/dl
전날 저녁식사 카무트현미귀리밥, 콩나물무침, 브로콜리연근숙회, 멸치후리가케, 수란, 닭가슴살, 병아리콩조림

1월 30일

공복혈당 102mg/dl
아침식사 순두부프리타타, 씨앗캄파뉴, 자몽사과샐러드
저녁식사 고기만두 4개, 김치만두 4개, 컵누들 1개

만두가 너무 먹고 싶어서 아침에 순두부로 선방하고 저녁에 만두를 행복하게 먹었다. 원래라면 두 배로 먹었겠지만 폭식하지 않고 적당히 배부를 때 멈춘 나를 칭찬하고 싶다.

2월 1일 [공복혈당 첫 90대 진입]

공복혈당 97mg/dl
아침식사 나물돌솥현미밥
점심식사
바나나아보카도요거트스무디, 루꼴라, 닭가슴살햄 호밀샌드위치

와, 공복혈당이 처음으로 90대로 떨어졌다. 이게 뭐라고 완전 행복하네?

2월 6일 [기록하는 내용이 늘어남]

아침식사 두부면 짜장면, 오트밀게살수프, 오이, 방울토마토, 닭가슴살냉채, 크리스피아노(유럽상추품종)

유럽상추 품종 여러종류 먹어보고 있는데 식감과 풍미가 다 달라서 재미있다.

식후 2시간 혈당 104mg/dl
운동 필라테스, 계단오르기 1시간

2월 7일

공복혈당 97mg/dl
아침식사 삼색소보루덮밥(현미밥, 스크램블에그 1개, 시금치나물, 두부참치소보루), 동치미, 쌈채소, 딸기 3개
식후 2시간 혈당 116mg/dl
점심식사 오트밀게살수프
저녁식사 셀러드, 해초면, 불닭소스, 닭다리살, 로메인, 대추방울토마토, 연두부
식후 2시간 혈당 106mg/dl

2월 8일

공복혈당 104mg/dl

전날 저녁으로 먹은 불닭소스의 액상과당 때문인 것으로 추측. 그래도 라면 대신 해초면으로 비벼 먹는 노력을 기울였으므로 나쁘지 않아!

아침식사 콩나물김치국, 들기름파래김, 콜리플라워, 닭가슴살햄, 양파, 대파, 아보카도오일, 달걀, 사과
식후 2시간 혈당 102mg/dl
저녁식사 봄동, 지코바양념치킨 5조각, 페퍼콘닭가슴살 1개, 셀러리줄기, 두부, 찐고구마

봄동에 지코바양념치킨 얹고 밥 대신 두부 얹어서 치밥을 대신함. 왜 저녁에는 자극적인 음식이 자꾸 땡기는걸까? 아침은 나름 참을만 한데~

2월 11일

자기 전 혈당 97mg/dl
공복혈당 105mg/dl
아침식사 호밀빵, 그릭요거트, 삶은달걀, 오이, 고구마, 두유, 레몬즙, 올리브유
점심식사 두부면 카레우동, 연근, 단호박, 느타리버섯구이
저녁식사 콩비지찌개, 현미밥, 오이, 찐고구마, 삶은달걀, 그릭요거트, 페퍼콘닭가슴살, 삶은 메추리알, 잔멸치아몬드볶음, 황태구이

그릭요거트에 빠져서 아침에 이어 저녁에도 먹었다. 그러고보니 채소를 너무 안 먹었네. 단백질이 과도한 식단이었구나. 내일은 채소 좀 더 챙겨먹어야지.

2월 12일

공복혈당 116mg/dl

으악... 어제의 식단은 문제가 컸구나. 공복이 110을 넘어서다니. 오늘은 채소를 골고루 먹어야겠군!

아침식사 콥샐러드
점심식사 참치쌈장과 양배추 냉이롤

[당뇨 진단 기준 혈당]

	정상	당뇨 전단계	당뇨
공복(mg/dl)	100 미만	100~125	126 이상
식후 2시간(mg/dl)	140 미만	140~199	200 이상
당화혈색소(%)	5.7 미만	5.8~6.4	6.5 이상

* **당화혈색소** 혈액에서 산소를 운반하는 적혈구 색소가 얼마나 당화(糖化) 됐는지 알려주는 수치. 검사일 기준 3개월 동안 혈당 조절이 잘 되었는지를 판단하는 지표로 사용된다.

본격적인 당뇨가 아니었기 때문에 식단만 잘 챙기면 식후 2시간 혈당은 문제가 없었는데 공복혈당은 아니었어요. 조금만 방심해도 훅 오르곤 했지요. 그러나 **저탄수 균형식을 하고 두세 달쯤 지나니 차츰 그 격차가 줄어들고 90~100 사이를 유지하는 횟수가 늘어나면서 점차적으로 안정이 되었습니다.**

식사뿐만 아니라 운동도 열심히 했습니다. 무조건 밖으로 나가 10,000보 정도 걸었어요. 비가 오면 집에서 매트 깔아 놓고 혼자 요가 동작을 따라 하기도 했어요. 특별한 마음의 준비가 필요 없고 운동화 하나만 있으면 당장에 할 수 있는 운동을 시작한 거지요. 이후에는 일주일에 3일 정도는 필라테스를 했어요. 이렇게 매일 1시간 정도의 운동을 하고, 음악을 듣고, 요리와 관련 없는 책을 읽으며 생각을 비우는 시간을 만들었어요. 어려울 때 힘이 되어준 친구, 가족들과 함께 하는 시간도 늘렸습니다. 당뇨의 적 중 하나인 스트레스도 낮추려고 부단히 애쓴 거지요. 영양학 전공서적이나 논문자료를 뒤져 보기도 했고, 주변에 이미 당뇨를 앓고 있는 지인들의 현실적인 조언을 받기도 했습니다.

저탄수 균형식 180일 후, 정상 진단을 받다

#건강식180일챌린지 라는 태그와 함께 SNS에 일기처럼 요리 사진을 올리기 시작했어요. 처음에는 기록용이었지만 하나 둘 댓글이 달렸고, 점점 더 많은 분들과 소통하게 되었어요. 혼자만의 외로운 싸움이라고 생각했는데, 많은 응원을 받게 되니 힘이 생기고 든든했습니다. 더불어 멋진 기회들도 찾아왔습니다. 제 건강식과 이야기를 선보인 세미나를 시작으로 온라인, 오프라인 클래스가 열렸지요. 그뿐만 아니라 밀키트를 제작해 판매하기도 하고, 라이브로 실시간 온라인 쿠킹클래스를 진행하기도 했어요. 적어놓고 보니 도전을 이어간 6개월 동안 정말 멋진 일들이 많이 생겼네요. 이렇게 책을 만들게 되기도 하고 말이죠.

6개월 후 다시 찾은 병원에서 당뇨 전단계를 벗어나 정상이라는 진단을 받았습니다. 약물 치료 없이 식사, 운동만으로 말입니다. 하루도 빠짐없이 달려온 180일의 결과는 공복혈당 79㎎/㎗, 당부하 2시간 후 혈당 96㎎/㎗, 당화혈색소 5.4, 혈압 120/80, 체중 -18kg '정상' 입니다.

'먹는 것 하나 조절 못해서 당뇨에까지 이른 사람은 게으르고 관리가 되지 않으며 통제력도 없다' 라는 사회적인 시선은 분명 존재합니다. 그 은근한 시선은 나를 조급하게 만들고, 주눅이 들게도 하죠. 그런데요, 저는 제 자신을 그렇게 생각하지 않아요. 나를 잘 모르는 사람이 쉽게 내뱉는 무례한 말에 흔들릴 만큼 호락호락하지 않았거든요. 다른 분들도 마찬가지일 거라고 생각합니다. 제가 타인의 눈높이와 기대에 맞는 외모를 갖추기 위해 챌린지를 시작했다면 아마 중간에 쉽게 포기했을 거예요. 저는 스스로의 만족이 가장 큰 동기부여가 되었거든요. 그래서 결과만을 위해 편법을 쓰지 않고 과정을 착실히 수행하며 만족스러운 하루를 보내는 것이 저에겐 무척 중요했어요. **무엇을 안 먹을지 보다 무엇을 얼마만큼 먹을지를 고민하는 매일이 참 즐거웠습니다. 혈당과 혈압이라는 결과 수치를 놓고 에너지대사에서 근거를 찾아 식단을 수정, 보완해 나가는 과정이 마치 게임처럼 느껴지기도 했어요.**

챌린지에 성공하면서 당뇨 전단계를 벗어나게 되었지만 100kg에서 시작한 저는 여전히 고도비만이에요. 대사증후군의 고위험군에 있기 때문에 언제든지 방심하면 다시 당뇨 전단계로 갈 수 있다는 경각심을 가지고 있습니다. 먹는 것이 잘 조절되지 않는다는 것은 비난받을 일이 아니에요. 휴식과 돌봄, 그리고 필요하다면 적절한 치료를 받으면 될 일입니다. 너무 자책하거나 혼자 끙끙 앓지 않았으면 해요. 차츰 마음의 맷집을 길러 건강한 음식에 대한 의지가 생겼을 때, 이 책이 내 마음 한편의 믿을만한 구석이 되길 바랍니다.

Guide

당뇨와 고혈압 잡는 저탄수 균형식 실천하기

저탄수 균형식, 어떻게 실천해야 할지 막막하고 어려운가요?
큰 원칙만 알아두면 꾸준히 실천할 수 있을 거예요!

1

저탄수 균형식이란?

**저탄수 균형식이란, 당질 중에 몸에 빨리 흡수되는 당류(단당류 + 이당류)의 섭취는 줄이고,
천천히 흡수되고 건강에도 이로운 식이섬유가 풍부한 다당류와 단백질, 지방 등 다양한 영양소를 균형있게 조합한 식사입니다.**

우리는 주식인 밥과 빵을 통해 탄수화물을 섭취, 이로부터 얻은 포도당은 일상을 살아가는데 필요한 에너지원이 되지요. 건강한 상태의 몸일 때는 이 과정이 이슈가 되지 않지만 고탄수, 고지방, 고단백의 식사가 계속되고 스트레스, 운동부족 등의 이유로 대사증후군과 관련된 각종 질병이 생기게 되면 문제가 됩니다.
혈중 필요 이상의 당들은 복부의 피하지방으로 쌓이거나 간에 저장되면서 복부비만이나 지방간이 생기게 되고, 이는 당뇨 위험신호라고 보아도 되기 때문이지요.

저탄수 균형식은 탄수화물 섭취를 줄여서 우리 몸이 포도당 대신 지방을 에너지원으로 사용하도록 유도하고, 지속적으로 쌓여있는 지방을 연소시키고자 하는 의도는 저탄고지 식단과 같으나 탄수화물을 완전히 절제하는 것에만 목표를 두지는 않습니다. 앞서 이야기한 대로 탄수화물은 우리 몸을 유지하는 중요한 에너지 공급원이자 신체 조직을 구성하는 영양소인데, 갑자기 이를 전혀 섭취하지 않으면 우리 몸에서는 그것을 비상사태로 인식하여 탈모, 월경불순, 무기력 등의 다양한 부작용 증상이 나타날수 있기 때문이죠. 따라서 같은 당류라도 소화, 흡수되는데 시간이 걸리는 다당류와 단백질, 지방 등의 다양한 영양소를 적절히 섭취하여 궁극적으로 혈당조절 능력을 회복시키는데 중점을 두고 있습니다.

단기간 급격한 체중감량보다도 장기간에 걸쳐 몸이 충분히 적응하도록 무리없이 식단의 방향을 바꾸어 나가는 것이 보다 건강한 식단의 운용이라고 생각합니다.

Tip 탄수화물 알아보기

탄수화물은 우리 몸을 유지하는 에너지 공급원으로 없어서는 안 될 중요한 영양소랍니다.
탄수화물은 당질과 식이섬유로 구분할 수 있어요.

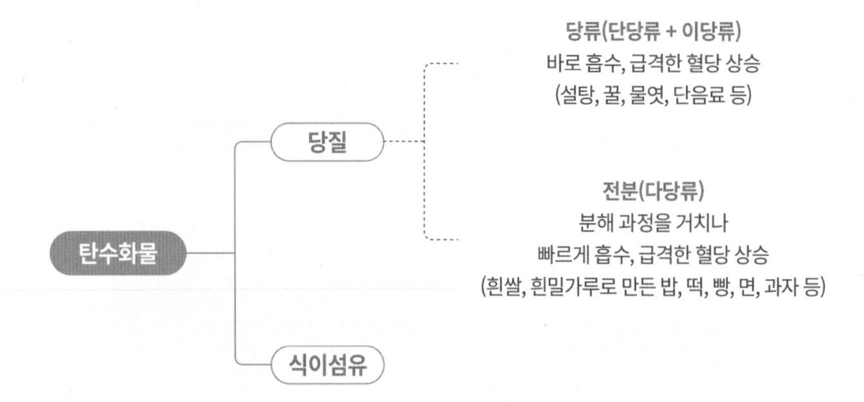

당질(순탄수)

혈당에 영향을 주는, 당으로 구성된 물질이에요. 1~2개의 당으로 구성된 단맛이 나는 당류와 여러 개의 당으로 이루어진 다당류 전분이 있어요.

- 당류(단당류 + 이당류)
  1~2개의 당으로 구성되어 몸에 들어가 바로 흡수, 혈당을 급격히 상승시켜요. 설탕, 꿀, 물엿, 단음료 등이 여기에 해당하죠.
- 전분(다당류)
  여러 개의 당으로 구성되어 있는 다당류라서 우리 몸에서 분해 과정을 거치나, 위의 당류(단당류 + 이당류)처럼 빠르게 흡수되어 급격하게 혈당을 상승시켜요. 흰쌀, 흰밀가루로 만든 밥, 빵, 면, 과자 등이 포함돼요.

식이섬유

탄수화물의 하나인 식이섬유는 전분과 마찬가지로 여러 개의 당으로 구성된 다당류이나 결합 구조상 체내에 소화, 흡수되지 않아요. 그래서 포만감을 높여주고, 당질 흡수를 더디게 해 혈당 안정화에 도움을 줘요. 또한 장 청소를 맡고 있는 영양소예요.

- 추천! 식이섬유가 풍부한 다당류 식품
  식이섬유와 함께 미량의 비타민, 무기질, 전분 등을 갖고 있는 식품을 의미해요. 통곡물, 잡곡, 채소, 콩 등이 해당되는데 소화가 천천히 되고 혈당도 서서히 올리지요. 이 책에서는 여기에 속하는 식품을 많이 사용했답니다.

*** 헷갈리지 마세요! 당질? 당류?**

두 단어 모두 '당'으로 시작되니 같은 것으로 생각하기 쉬운데, 다르답니다. '당류'는 당이 1개로 된 단당류와 2개로 된 이당류를 부르는 말로, 단맛을 내요. 당질은 '순탄수'라고 불리는 더 넓은 개념으로, 당류와 전분을 합쳐 부르는 말이에요. 즉, 당질 속에 당류가 포함되는 것이지요.

2

저탄수 균형식의 식사 원칙

매일 식사 일기 작성하기

일기를 쓰다보면 식습관의 문제가 한눈에 보이는 장점이 있어요. 건강관리 어플로 작성하는 것이 좋은데요, 섭취 분량에 따른 각 재료별 열량, 제품 정보들이 제공되고 탄단지(탄수화물, 단백질, 지방, 우리 몸에서 에너지원으로 쓰이는 3가지 영양소) 비율까지 계산되어 수기로 쓰는 것보다 편리하거든요. 먹기 전에 요리 사진을 찍어 두는 것도 좋습니다. 저는 닥터다이어리 어플을 사용합니다. 식사 일기뿐만 아니라 당뇨 관련 식품이나 혈당지, 혈당계도 어플에서 바로 구매할 수 있어서 편리합니다.

식사 시작 시 채소를 가장 먼저 먹기

식사 시작 시에 식이섬유가 풍부해 당질의 흡수를 더디게 하는 채소를 먼저 10분 정도 천천히, 꼭꼭 씹어 먹은 후 단백질 → 탄수화물 순서로 섭취하면 혈당 스파이크(혈당이 급격하게 오르내리는 것)를 방지할 수 있어요.

삼시 세끼 규칙적인 시간, 적절한 양으로 먹기

과식 그리고 공복은 혈당의 가장 큰 적 중 하나입니다. 식사를 건너뛰게 되면 몸속에서는 언제 또 영양을 공급받을지 모른다는 생각에 미리 저장, 조금만 섭취해도 금방 살이 찌는 체질로 바뀌곤 해요. 또한 다음 끼니에 과식을 하게 되기도 하죠. 따라서 규칙적인 시간에 적절한 양을 먹는 것이 중요해요.

흰쌀밥을 잡곡밥으로 바꾸기

정제된 흰쌀밥은 혈당을 가파르게 상승시키기 때문에 잡곡밥을 추천해요. 잡곡밥에는 쌀밥의 약 3배에 해당하는 식이섬유가 들어있고 각종 비타민과 무기질이 풍부해요. 특히 식이섬유는 음식물이 장에 오래 머물게 해서 소화와 흡수가 천천히 되도록 도와주지요. 잡곡밥을 지을 때는 귀리, 카무트, 수수, 기장, 퀴노아, 보리와 같이 'ㅊ'이 붙지 않은 재료를 선택하는 게 좋아요. 찹쌀이나 찰현미는 소화와 흡수가 빨라 혈당이 급격하게 오르기 때문이에요. 흰쌀밥에 잡곡을 섞는 비율은 조금씩 늘려가세요. 식이섬유가 많은 잡곡은 소화가 어렵기 때문에 천천히 꼭꼭 씹어서 먹어야 하고, 잡곡밥이라 할지라도 탄수화물이라 당질이 많은 편이니 한 공기 미만으로 섭취해야 해요. 소화기관이 약한 노약자나 아직 소화기관이 미성숙한 아이들은 잡곡밥만 먹는 것이 몸에 무리가 될 수 있으니 주의해야 하고요.

* 다양한 저탄수 밥 30쪽

밥 두 숟가락만 덜어내기

밥 한 공기에서 큰 숟가락으로 두 숟가락의 밥을 빼면 2/3공기 정도가 되는데요, 덜어낸 밥 두 숟가락의 칼로리가 100kcal예요. 꽤 높지요? 작은 노력이지만 이 두 숟가락은 혈당 조절에 큰 영향을 끼칩니다. 밥의 양을 줄이는 대신 채소와 해조류를 섭취하거나 고기, 생선, 달걀, 콩류 같은 단백질 반찬으로 부족한 양을 채우세요.

단짠단짠 대신 덜단덜짠 습관 길들이기

한식은 밥을 중심으로 국, 찌개, 김치, 젓갈 등의 반찬류를 곁들여 간을 맞춰 먹기 때문에 때로는 지나치게 짤 수 있습니다. 염분(나트륨)의 함량이 높은 반찬은 과식을 유발하고 혈압을 높일 뿐만 아니라 뇌졸중, 심근경색, 신장질환을 발병시킬 수 있어 주의해야 해요. 나트륨은 뇌의 쾌락 중추를 자극해서 음식중독을 야기할 수도 있고요. 단맛을 내는 대표 영양소는 단당류로 설탕, 물엿, 시럽, 꿀이 대표적인 식재료지요. 이들은 혈당을 빠르게 많이 올려요.

Tip 덜 달고, 덜 짜게 먹는 생활 습관

채소 반찬 많이 먹기
채소의 칼륨은 몸 속의 나트륨을 배출시킵니다.

식초나 허브, 향신료 사용하기
소금과 식초를 함께 사용하면 소금을 조금만 써도 짠맛이 충분히 납니다. 간이 밋밋할 때 허브나 향신료로 풍미를 살리는 것도 좋은 방법입니다.

국은 건더기 위주로 먹기
국물이 하루 섭취 나트륨의 2/3 이상을 차지해요. 국물의 맛은 건더기만 먹어도 충분히 느낄 수 있습니다.

젓갈류 먹지 않기
젓갈은 해물을 소금으로 절인 것이기 때문에 나트륨이 높습니다.

식사 후 단 음식 피하기
식사 후 달달한 음료나 커피를 마시면 혈당이 급속도로 올라갑니다. 과일이나 케이크, 빵 등의 디저트도 식사 후 바로 먹는 것은 좋지 않습니다.

햄, 소시지 데쳐 먹기
데치는 것만으로도 첨가물과 나트륨이 많이 제거됩니다.

탄산음료 대신 물 또는 탄산수 마시기
탄산음료 1병에는 당류가 40g이나 들어있어요. 밥 2/3공기와 같습니다.

믹스커피 대신 아메리카노
믹스커피 1잔에는 당류가 12g이나 들어있어요. 커피를 마신다면 아메리카노를 선택하세요.

배달음식 자제하기

코로나19로 외부 활동에 제약이 생겼던 기간 동안 활동량은 줄고
배달음식에 의존하면서 식습관이 더 엉망이 되었어요.
떡볶이, 짜장면, 짬뽕, 치킨 등 평소에 주로 시켜 먹었던 음식들이
혈당과 혈압을 높이는 주범이니 끊거나 최대한 자제하세요.

가까이에 있는 일상의 재료 활용하기

이왕이면 좋은 식재료, 건강한 식재료를 구입하는 것이 좋겠지만,
식재료 구입에 압박이 오면 저탄수 균형식을 오래 유지하지 못해요.
특별한 걸 공수하려고 하기보다는 일상생활 내에서 구할 수 있는
평범한 재료로 건강한 식사를 하는 것이 좋지요.

* 식재료 고르기 22쪽

제철 식재료 위주로 식탁 차리기

사람이 건강하게 살기 위해서는 사계절의 변화에 순응해야 하잖아요.
그 계절을 계절답게 보내는 것이 건강을 위한 가장 좋은 선택이 될 수 있어요.
제철 재료는 영양분이 가장 무르익었을 때 먹는 것이기 때문에
식단에도 자연스럽게 활력을 불어넣어 줄 거예요.

냉장고 속 가장 잘 보이는 칸에 채소 채우기

냉장고를 열었을 때 가장 잘 보이는 눈높이 칸에 바로 먹을 수 있는 채소를
준비해 두세요. 투명한 용기에 담아서 보관하면 남은 양과 상태를 체크하기
편리하지요. 채소에 곁들여 먹을 수 있는 가벼운 소스도 미리 준비해두면 좋습니다.

* 식재료 정리 & 보관하기 26쪽

가공식품 구매 시 영양정보 체크하기

가공식품을 구매할 때 영양정보를 확인하는 습관을 길러보세요. 내가 구매한
식품에 탄수화물이나 지방, 콜레스테롤, 칼로리 등이 얼마나 들어있는지 알려주는
영양정보를 참고해 컨디션에 맞는 식품을 골라서 섭취하는거죠.

* 가공식품의 영양정보에서 당질 확인하기 22쪽

식후 스쿼트, 걷기 등 가벼운 운동하기

밥을 먹고 나서 가볍게 스쿼트를 하거나 산책로를 걷는 것은 혈당을 낮추는데
큰 도움이 됩니다. 스쿼트와 걷기는 복잡한 준비를 하지 않고 바로 시작할 수 있는
최고의 운동이에요.

원플레이트(한 그릇) 식사법 활용하기

한 끼에 먹는 음식을 한 접시에 담아서 먹는 방법을 추천해요.
섭취하는 음식의 양이 한눈에 보여서 과식이나 편식을 예방할 수 있고
계획적인 식사도 가능합니다.

방법은 아주 간단합니다. 그릇을 4등분으로 나눈 후 1/4에는 고구마나 잡곡밥처럼
식이섬유가 풍부한 복합탄수화물을 채우고, 1/4에는 단백질 요리를,
나머지 1/2에는 익힌 채소와 생채소를 골고루 담아내면 된답니다.

손계량법으로 양 체크하기

식사를 할 때 얼마만큼을 먹어야 할지 가늠하기 어려울 때가 있어요.
매번 전자저울을 사용하긴 어렵고. 이럴 때 간편하게 사용할 수 있는 방법인
손계량법을 소개할게요. 손은 각자의 체격에 따라 크기가 달라지니 손 크기에 맞춰
먹는 양을 조절하면 복잡한 계산 없이도 적당한 양을 섭취할 수 있습니다.

과일
한쪽 손을 오목하게 만들었을 때
손에 담기는 양만큼의 과일을
하루 3번으로 나누어 먹어요.
(사과 1/2개, 바나나 1/2개, 블루베리 한 줌 등)

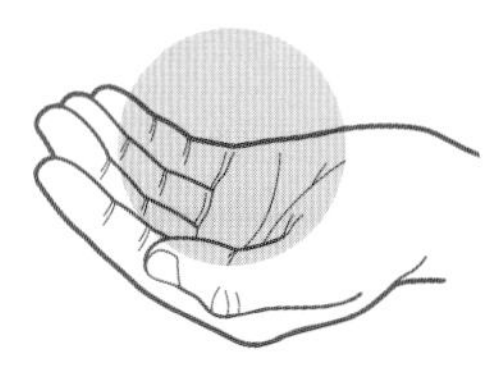

고기나 생선, 달걀(단백질, 탄수화물)
손바닥을 폈을 때 손바닥 안쪽 크기만큼의
단백질, 탄수화물을 매 끼니 섭취합니다.
(닭가슴살 100~120g, 밥 2/3공기 등)

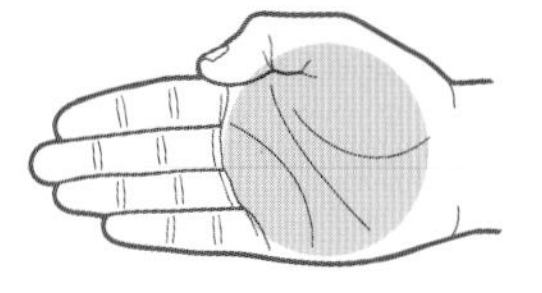

저탄수 균형식 식재료 고르기

당지수가 낮은 식품 선택하기

혈당을 관리할 때는 음식의 당지수(GI: Glycemic Index)를 알아야 해요. GI는 식품에 함유된 탄수화물이 얼마나 빠르게 소화, 흡수되어 혈당을 높이는지 나타내는 수치입니다. 수치가 높을수록 빠르게 소화, 흡수되어 혈당을 급격하게 올리지요. 당지수가 높은 음식을 먹으면 높아진 혈당을 낮추기 위해 인슐린이 과다분비 되는데, 이것이 체지방 축적 가능성을 높여 고혈당과 비만의 원인이 되곤 해요. 따라서 당지수가 낮은 식품을 구매하는 게 좋아요. 다만, 당지수가 낮은 식품이라고 해도 과식은 금물! 적정량 섭취하도록 하세요.

당지수 고 (70~) 찹쌀경단(97), 찐 감자(94), 찹쌀밥(76), 찐 옥수수(73), 도토리묵(72)
당지수 중 (55~69) 찐 밤(58), 고구마튀김(58), 청포묵(55)
당지수 저 (~54) 찐 단호박(52), 보리밥(35), 감자전(28), 삶은팥(27)

가공식품의 영양정보에서 당질 확인하기

가공식품을 구입할 때는 포장지에 붙어있는 영양정보에서 당질(순탄수)을 확인하는 것이 좋습니다.
그러나 아래처럼 당질이 표시되어 있지 않을 때는 탄수화물에서 식이섬유를 빼서 확인하면 됩니다.
저는 한 끼 섭취 당질의 양은 30g 정도를 권합니다.
고구마 1개(100g)당 당질이 약 30g이니 기준으로 삼고 식품을 골라보세요.

영양정보
총내용량 50g당 65kg

영양정보		
나트륨	**140mg**	**7%**
탄수화물	**9g**	**3%**
식이섬유	5g	20%
당류	1g	1%
지방	**0g**	
트랜스지방	0g	0%
포화지방	0mg	0%
콜레스테롤	0mg	0%
단백질	**7g**	**9%**
비타민A	**0mg**	**0%**
비타민C	**0mg**	**0%**
칼슘	**54mg**	**8%**
철	**1.1mg**	**9%**

[영양정보에서 당질 확인하는 방법]

탄수화물은 당질(당류, 전분 등의 순탄수)과 식이섬유로 구성되어 있어요.
우리가 영양정보에서 신경써서 확인해야 하는 것은
탄수화물에서 식이섬유를 뺀 '당질' 입니다.

영양정보에 식이섬유가 있다면 **당질 = 탄수화물 - 식이섬유**

영양정보에 식이섬유가 없다면 **당질 = 탄수화물**

왼쪽 영양정보에서 탄수화물 9g, 구성요소로 식이섬유 5g, 당류 1g이 표기되어 있는데요, 나머지 3g은 어디 있을까요? 이 3g은 전분입니다. 영양정보에 전분을 표기하지 않은 이유는 모든 영양소를 표기할 수 없어 많이 궁금해하는 식이섬유, 당류의 수치 정도만 표기한 것입니다.

- '설탕 무첨가'라고 표기된 것은 설탕은 무첨가지만 다른 당은 들어있을 수도 있습니다.
- '무가당'은 인위적인 당은 넣지 않았다는 의미예요. 대신 당이 완전 없다는 이야기는 아닙니다.

흰설탕 대신 저열량 감미료 선택하기

단맛을 내는 감미료 중에서 설탕보다 열량이 낮고 체내 소화 흡수가 되지 않아 혈당에 영향을 적게 주는 제품을 저열량 감미료라고 합니다. 다양한 제품이 있고 제품마다 단맛의 정도와 질감, 설탕 대비 사용량 등에 차이가 있으니 알아두면 좋겠지요?

이 책에서는 당알코올인 에리스리톨에 스테비아를 배합해 설탕과 같은 양으로 사용량을 맞춘 '에리스리톨 스테비아'를 사용했습니다. 꼭 필요한 요리에 최소량으로 사용했습니다만, 저열량 감미료의 계속된 이슈(GMO 논란, 심혈관계 질환과의 상관관계 등)가 염려된다면 에리스리톨 스테비아의 분량만큼 올리고당으로 대체 가능합니다. 저열량 감미료가 아닌 설탕, 꿀, 조청, 물엿 등은 과도하게 사용하지 않도록 주의하세요.

* 이 책에서 가장 많이 쓰인 '에리스리톨 스테비아'와 '알룰로스' 등을 일반 레시피에서 설탕 대신 사용하려면 대부분 동량으로 대체하면 됩니다. 제품 포장지에 대체 비율이 적혀 있는 경우가 많으니, 사전에 확인하세요.

Tip 다양한 저열량 감미료

- **에리스리톨**
  당알코올의 한 종류로 청량한 맛이 납니다. 양 조절이 편리하고 열로 인해 단맛이 변하지도 않습니다. 1g당 0.24kcal로 칼로리가 매우 낮아 제로칼로리 음료에도 사용됩니다. 흡수되지 않고 소변으로 배출됩니다. 당알코올은 식이섬유와 비슷하게 작용해서 많이 먹으면 속이 더부룩하고 장을 자극하기 때문에 하루 50g 이하로 섭취해야 합니다.
- **스테비아**
  국화과의 식물 잎에서 추출한 성분으로 설탕의 300배 단맛이 납니다. 칼로리는 설탕의 1/90, GI 지수가 0이기 때문에 당뇨 환자도 부담 없이 먹을 수 있습니다. 흡수되지 않고 소변으로 배출됩니다.
- **에리스리톨 스테비아**
  에리스리톨은 설탕과 비교해서 70%의 당도밖에 되지 않기 때문에 스테비아를 섞어 설탕과 비슷한 정도의 당도로 맞춘 제품입니다.
- **알룰로스**
  포도나 무화과, 키위 등에도 소량 함유되어 있는 당입니다. 다른 대체당들과는 달리 열을 가하면 캐러멜라이징 되는 특징이 있어 요리에 사용하기 좋습니다. 단, 타기 쉬우니 불조절에 신경써야 해요.
- **나한과**
  몽크프룻이라고도 하는데 설탕 당도의 300배이며 향이 달콤합니다. 시중의 나한과당은 에리스리톨 90~98%에 나한과 추출물 2~10% 섞은 것이 대부분입니다.
- **올리고당**
  프락토 올리고당과 이소말토 올리고당 두 종류가 있습니다. 프락토 올리고당은 설탕(과당 + 포도당)을 가공해 포도당을 연결해 만듭니다. 과당이 포함되어 있어 이소말토 올리고당보다 달고 풍미가 좋고, 식이섬유 함량도 높은 편이지만 열에 약하기 때문에 샐러드나 요구르트 등 차가운 요리에 적합합니다.
  이소말토 올리고당은 쌀이나 옥수수 등의 녹말가루(포도당 + 포도당)를 가공해 포도당을 연결시켜 만듭니다. 과당이 없고 포도당만으로 구성되어 있어 프락토 올리고당보다 단맛이 덜하지만 열에 강하기 때문에 볶음이나 조림에 사용하면 좋습니다. 이 책에서는 일괄 올리고당으로 표기해두었는데 사용량이 많지 않기 때문에 맛의 차이가 크지 않을 것으로 생각됩니다.

* 그 외 설탕의 200배가 넘는 강한 단맛을 내는 감미료로 사카린, 아스파탐, 아세설팜칼륨, 수크랄로스 등이 있으며 주로 저당, 저열량 가공식품에 쓰인다. 이들 중 일부는 건강 관련 논란이 있으니, 가정용으로는 굳이 권하지 않는다.

저탄수 균형식 장보기

대형마트

• **제철 채소와 과일, 새로운 가공식품**

제가 사는 지역의 대형마트는 규모가 꽤 커서 다양한 제품군을 취급해요. 제철 채소와 과일, 삶의 변화에 맞춰 새롭게 출시되는 가공식품, 초가공식품들까지. 대형마트에 예전처럼 자주 가지는 않지만 식재료의 계절감과 식품 트렌드를 살필 수 있는 곳이라 2주에 한 번 정도는 일부러 들릅니다.

창고형 마트

• **치즈류, 샤퀴테리 제품, 닭가슴살, 게맛살, 낫또, 어묵, 아보카도 오일 등의 보관 기한이 비교적 긴 제품**

창고형 마트는 품목이 다양하진 않지만 가격 경쟁력을 갖추고 있어 보관 기간이 긴 대용량 제품들을 구입하는 편입니다. 유일하게 구매하는 신선제품인 생연어는 구매 후 소분해서 당장 먹을 일부는 냉장, 나머지는 냉동 보관해 두었다가 필요할 때 찜이나 구이로 요리합니다.

로컬푸드마켓

• **자연식품(과일, 채소, 곡물, 견과류, 우유, 생선 등)**

제가 사는 지역에는 '싱싱장터'라는 로컬푸드마켓이 있어요. 생산자부터 소비자까지의 거리인 '푸드마일리지'가 짧은 식재료들이 건강에도 이롭다고 생각하는데 로컬푸드마켓은 도시 근교의 농가에서 직접 매대를 채우기 때문에 제철의 가장 싱싱한 농산물을 만날 수 있답니다. 단순하게 먹을수록 재료의 신선도가 맛의 큰 비중을 차지하기 때문에 매일 꾸준히 소비하는 채소, 두부, 달걀, 버섯 등은 로컬푸드마켓을 활용하여 자주 조금씩 장을 보는 편입니다. 아침에 집 옆 천변을 산책하고 들어오는 길에 로컬푸드마켓에 들러 신선한 콩물을 한 병 마시는 즐거움도 놓치지 않고 있지요.

온라인 새벽배송

- **최소 가공식품(건조, 분쇄, 냉동, 저온살균 등 약간의 가공을 한 자연 유래 식품)**
- **가공된 양념류 및 기타 식재료(홀토마토, 버터, 오일, 간장, 식초, 큐민, 파프리카파우더, 홀그레인 머스터드 등)**

새벽 배송 시스템이 없던 삶을 상상하기 어려운 요즘입니다. 시간을 절약해주고 기본 이상의 품질에 A/S가 확실하고 기회비용을 고려했을 때 가격도 나쁘지 않아서 종종 이용하고 있습니다. 냉동과일이나 오트밀, 두부면, 포두부 등의 최소 가공식품이나 마트에서 구하기 어려운 향신료와 양념류를 주로 구입하고, 신선식품들이 급하게 필요한 경우에도 이용합니다.

산지 직배송

- **쌈채소, 한우, 허브류, 그릭요거트와 프레쉬치즈 종류**

신선한 쌈채소, 한우, 허브류, 그릭요거트와 프레쉬치즈 종류는 산지에서 직배송 받는 것을 선호해요. 요리에 사용하는 모든 재료를 다 이렇게 소비할 수는 없지만 요리사로 근무하던 시절부터 생산하는 현장을 직접 방문해 보고 소신과 신념을 교류해온 농부님, 목부님들의 식재료는 가능한 범위 내에서 꾸준히 직배송을 받습니다.

- **허브류, 식용꽃** 맹다혜씨네 작은 텃밭
- **아쿠아포닉스 농법의 유기농 쌈채소** 포천 파머스에프디(Farmers F.D)
- **유제품**
  천안 효덕목장(고다치즈, 까망베르치즈, 플레인요거트, 스트링치즈, 할루미치즈)
  장흥 길목장(그릭요거트, 스트링치즈, 할루미치즈)
- **한우**
  풀로만목장(그래스패드 한우)

이밖에도 제주도의 유기농 레몬(제주레몬팜), 유기농 구좌당근(㈜ 유기농 나의왼손), 생태순환농법 자연양돈 흑돼지(고마워돼지), 유기농 토종닭(조아라한약닭농장) 등 소신을 지키며 생산하는 분들의 식재료를 존중하고 애정합니다.

식재료 정리 & 보관하기

제가 받은 질문 중에 식단을 유지하는데 식비가 너무 많이 들지 않냐는 내용이 있었는데요, 집집마다 경제규모와 가치관이 다르니 조금씩 차이는 있겠지만, 배달음식 몇 번 덜 시켜 먹으면 충분히 유지 가능한 비용이라고 생각하는 편입니다. 건강을 위해 미리 예방하고 관리하는데 드는 비용이라고 생각하면 아까울 게 없더라고요. 대신 버리는 것 없이 알뜰하게 소비한다는 대전제가 깔려 있어야 합니다. 그래서 식재료 정리법에 대해 알려드려야겠다는 생각이 들었어요.

냉장고 안에 검정 비닐봉지에 감싸진 무언가를 뒤늦게 발견하면 머리털이 쭈뼛 서잖아요. 내가 냉장고에서 곰팡이를 키우고 있구나 싶은 순간들 말이에요. 식재료 관리에 서툰데 건강한 음식을 챙겨 먹겠다며 신선식품부터 무턱대고 잔뜩 사다 보면 다 먹지 못하고 버리는 게 엄청 많을 거예요.

식재료를 남김없이 알뜰하게 잘 활용할 수 있는 포인트는 '눈에 잘 보이도록 정리하기'와 '기록' 입니다.

채소

깨끗이 잘 씻어서 물기를 제거합니다. 흙이 묻은 채로, 혹은 외부에서 들어올 때의 세균이 그대로 남아있는 채로 냉장고에 보관하는 것은 기존의 식품들과 교차오염이 생길 위험이 있기 때문에 주의해야 해요. 채소들은 깨끗이 씻어 물기를 없애고 용기에 담아서 보관하세요.

갈무리한 채소들은 서랍형 신선칸에 넣지 않아요. 신선칸에 쌓아두면 밑에 있는 것은 눌려서 상하거나 보이지 않아 안 먹게 됩니다. 분류해서 투명한 용기에 담아 냉장고 문을 열었을 때 가장 잘 보이는 눈높이 칸에 정리하세요.

투명 보관 용기에는 라벨지나 마스킹테이프를 붙여 무엇이 들어있는지, 언제 구매했고 언제까지 소비해야 하는지를 네임펜으로 꼭 적어두고요.

아스파라거스나 허브들

허브는 한 번에 다 쓰기 어렵잖아요. 이럴 때는 꽃꽂이하듯이 줄기 끝을 깔끔하게 다듬어 컵에 정수된 물을 1cm 정도 채우고 꽂아서 위쪽에 비닐봉지를 씌웁니다. 물을 자주 갈아가며 관리하면 신선함이 1주일 이상 유지됩니다.

크기가 큰 과일들이나 유리병에 담아둔 절임류, 페스토, 버터

서랍형 신선칸에 보관해요. 서랍을 열면 안쪽까지 잘 보여서 꺼내 쓰기 편리합니다.

육류나 해산물

장을 봐오면 가장 먼저 소분하는 재료입니다. 육류, 해산물은 사용하는 용도에 맞게
한 번 먹을 분량씩 소분해서 밀봉 후 냉장 또는 냉동 보관합니다.

비슷한 재료들, 샐러드 드레싱과 소스

비슷한 재료끼리 함께 보관해보세요. 두부나 두부면, 포두부 / 그릭요거트와 치즈류 /
닭가슴살과 닭가슴살소시지, 게맛살 - 이런 식으로 분류해서 한 바구니에 담아두면
찾아서 먹기도 편하고 유통기한 관리도 용이합니다.

샐러드 드레싱과 소스들은 유리병에 담아 냉장고 문쪽에 두고 언제든 제일 편하게 확인하고
바로 꺼내먹을 수 있도록 정리합니다.

냉동실 식재료들

비닐봉지에 담아서 대충 냉동실에 넣어두지
말고 투명하고 납작한 보관용기를 활용해서
책을 꽂듯이 정리하세요. 꺼낼 때도 책장에
책을 뽑듯이 꺼낼 수 있고, 냉동실에 무엇이
들어있는지 한눈에 확인하기도 편리합니다.

밀봉과 진공, 용량에 맞는 적정 용기에 담아서
보관하기가 원칙입니다. 식재료에 산소가
닿아 있으면 냉동일지라도 산패되고 보습율도
떨어집니다. 비닐이 뜯어진 채로 냉동실에 오래 방치된
고기나 생선에서 어떤 맛이 나는지 떠올려보면
이해가 될 거예요. 진공을 해서 밀봉하면 보관 기간이 2~3배로 길어집니다.
진공을 해서 밀봉한 재료들은 모양이 다 제각각이라서 바구니에 분류해서 종류별로
담아두거나 용기에 담아 보관하는 게 좋겠지요.

저는 김치냉장고의 위쪽 절반을 냉동칸으로 사용하는데, 각종 견과류와 냉동 아보카도,
블루베리 등을 보관하고 있어요. 특히 견과류의 지방은 산패되기 쉬우니 실온 말고
냉동으로 보관하길 권합니다.

6

저탄수 균형식으로 요리하기

우리가 줄여야 하는 것은 세상 모든 탄수화물이 아닙니다. 탄수화물 중에서도 정제된 탄수화물과 단순당을 주의해야 해요. 정제된 탄수화물(흰쌀밥, 떡, 면, 빵 등)은 GI(당지수)와 GL(당부하지수)이 높기 때문에 혈당을 급격하게 많이 올리거든요. 혈당이 급격히 올라가면 인슐린 분비가 촉진되어 이후 혈당이 급격히 떨어지기 때문에 다음 식사시간이 되기도 전에 배고픔을 느끼게 합니다. 단시간 동안 과도하게 섭취한 탄수화물은 결국 지방으로 저장되고요. 그래서 소화와 흡수가 빠른 정제된 식품들과 전분 성분이 많은 식품들, 당 성분과 포화지방의 함량이 높은 식품과 단짠의 양념이 진한 가공식품들은 주의가 필요해요.

대신 도정하지 않은 현미나 통밀, 보리 등의 곡식들은 식이섬유가 풍부해서 혈당을 비교적 천천히 올리는 좋은 탄수화물이라고 볼 수 있습니다. 채소를 선택할 때도 전분이 많은 뿌리채소보다는 전분이 적은 잎채소나 오이를 선택하는 것이 좋습니다. 과일은 무르고 달콤한 것들보다는 식이섬유가 풍부해 단단하고 새콤한 과일을 선택하는게 도움이 되구요. 과일에 당이 높다고 무조건 안 먹는 것보다는 아삭하고 새콤한 종류로 먹되, 갈거나 가당하지 않고 원물상태로 1인분 분량을 잘 지켜 섭취한다면 과일에 함유된 각종 비타민과 무기질이 몸의 활력을 줄 거예요. 그리고 콩, 두부, 낫또, 두유 등의 식재료는 단백질과 불포화지방산, 식이섬유를 풍부하게 함유하고 있기 때문에 혈당을 안정적으로 유지하는데 도움이 됩니다.

재료는 큼직하게 썰기 & 껍질 그대로 요리하기

갈거나 다져서 식품의 입자를 작게 만들면 소화와 흡수가 빨라 혈당을 쉽게 올립니다. 가능한 재료는 **껍질째 큼직하게 썰어 요리하세요.** 채소의 껍질에는 식이섬유가 많아서 소화를 더디게 하여 혈당을 조절하는 데 도움이 됩니다. 그리고 큼직하게 썰어서 조리한 음식은 여러 번 씹어서 먹어야 하기 때문에 식사 속도도 조절되고 혈당이 급격하게 오르는 것도 방지할 수 있지요.

채소는 날것으로, 또는 살짝만 익히기

푹 삶거나 오래 끓이면 소화가 쉬워지기 때문에 혈당도 빨리 올립니다. **날것으로 먹거나 살짝만 익혀 먹어야** 당 흡수율이 낮습니다.

기름에 살짝 볶거나 가볍게 굽기

지방은 탄수화물의 소화와 흡수를 지연시켜 혈당의 급격한 상승을 방지할 수 있습니다. 삶거나 찌는 조리법보다 **기름에 살짝 볶거나 가볍게 구우면** 당 흡수율을 낮출 수 있습니다. 하지만 기름을 사용하면 칼로리는 높아지기 때문에 과도한 사용은 자제해야 합니다. 기름에 푹 잠기도록 하여 튀기는 튀김보다는 겉에 기름을 살짝 발라 에어프라이어나 오븐을 활용해 구워 먹는 방법을 추천합니다.

가장 기본이 되는 다양한 저탄수 밥

다양한 잡곡밥을 소개합니다. 잡곡은 처음부터 많이 넣지 말고 흰쌀밥에 조금씩 양을 늘리도록 하세요. 또한 천천히 꼭꼭 씹어 먹어야 소화도 잘 되고, 포만감도 오래 유지된답니다.
모든 밥은 압력밥솥으로 지었고, 전기 압력밥솥으로 할 경우에는 잡곡 모드로 밥을 하면 돼요.

잡곡밥 **10인분 / 30~35분(+ 불리기 8시간)**

242kcal, 당질 48.26g/1인분

현미 2컵(360g, 불리기 전) , 검정보리 1컵(180g, 불리기 전), 카무트 1/2컵(90g, 불리기 전),
귀리 1/2컵(90g, 불리기 전), 물 4컵(800mℓ)

1 현미, 검정보리, 카무트, 귀리는 씻어 8시간 이상 불린 다음 체에 밭쳐 물기를 없앤다. * 여름에는 냉장, 겨울에는 실온에서 불린다.
2 압력솥에 현미, 검정보리, 카무트, 귀리, 물을 넣고 센 불에서 추가 돌 때까지 끓인다.
3 가장 약한 불로 낮춰 15분 정도 익힌다. 불을 끄고 뚜껑을 덮은 그대로 10분간 뒤 뜸을 들인다.

검정보리밥 **6인분 / 30~35분(+ 불리기 8시간)**

208kcal, 당질 42.69g/1인분

현미 1컵(180g, 불리기 전), 검정보리 1컵(180g, 불리기 전), 물 2컵(400mℓ)

1 현미, 검정보리는 씻어 8시간 이상 불린 다음 체에 밭쳐 물기를 없앤다.
* 여름에는 냉장, 겨울에는 실온에서 불린다.
2 압력솥에 현미, 검정보리, 물을 넣고 센 불에서 추가 돌 때까지 끓인다.
3 가장 약한 불로 낮춰 15분 정도 익힌다.
불을 끄고 뚜껑을 덮은 그대로 10분간 뒤 뜸을 들인다.

병아리콩밥 **6인분 / 30~35분(+ 불리기 8시간)**

260kcal, 당질 51.65g/1인분

현미 2컵(360g, 불리기 전), 병아리콩 1/2컵(80g, 불리기 전), 물 2컵(400mℓ)

1 현미, 병아리콩은 씻어 8시간 이상 불린 다음 체에 밭쳐 물기를 없앤다.
* 여름에는 냉장, 겨울에는 실온에서 불린다.
2 압력솥에 현미, 병아리콩, 물을 넣고 센 불에서 추가 돌 때까지 끓인다.
3 가장 약한 불로 낮춰 15분 정도 익힌다. 불을 끄고 뚜껑을 덮은 그대로 10분간 뒤 뜸을 들인다.

퀴노아밥 **4인분 / 25~30분**

163kcal, 당질 29.21g/1인분

백색퀴노아 1/2컵(90g), 레드퀴노아 1/2컵(90g), 물 2컵(400㎖)

1 퀴노아는 씻은 후 체에 밭쳐 물기를 없앤다.

2 냄비에 퀴노아, 물을 넣고 뚜껑을 덮어 센 불에서 끓어오르면 가장 약한 불로 줄인다.

3 뚜껑을 덮은 그대로 10분간 뒤 뜸을 들인다.

현미밥 **6인분 / 30~35분(+ 불리기 8시간)**

210kcal, 당질 44.28g/1인분

현미 2컵(360g, 불리기 전), 물 2컵(400㎖)

1 현미는 씻어 8시간 이상 불린 다음 체에 밭쳐 물기를 없앤다.
압력솥에 현미, 물을 넣고 센 불에서 추가 돌 때까지 끓인다.
* 여름에는 냉장, 겨울에는 실온에서 불린다.

2 가장 약한 불로 낮춰 15분 정도 익힌다. 불을 끄고 뚜껑을 덮은 그대로 10분간 뒤 뜸을 들인다.

곤약현미밥 **5인분 / 30~35분(+ 불리기 8시간)**

252kcal, 당질 51.98g/1인분

밥알곤약 200g, 현미 2컵(360g, 불리기 전), 물 2컵(400㎖)

1 현미는 씻어 8시간 이상 불린 다음 체에 밭쳐 물기를 없앤다.
압력솥에 밥알곤약, 현미, 물을 넣고 센 불에서 추가 돌 때까지 끓인다.
* 여름에는 냉장, 겨울에는 실온에서 불린다.

2 가장 약한 불로 낮춰 15분 정도 익힌다. 불을 끄고 뚜껑을 덮은 그대로 10분간 뒤 뜸을 들인다.

카무트밥 **10인분 / 30~35분(+ 불리기 8시간)**

238kcal, 당질 49.64g/1인분

현미 1컵(180g, 불리기 전), 카무트 1컵(180g, 불리기 전), 백미 2컵(360g, 불리기 전),
물 3과 1/2컵(700㎖)

1 현미, 카무트는 씻어 8시간 이상 불린다. 백미는 밥 짓기 30분 전에 불린다.
불린 현미, 카무트, 백미는 체에 밭쳐 물기를 없앤다.
* 여름에는 냉장, 겨울에는 실온에서 불린다.

2 압력솥에 현미, 카무트, 백미, 물을 넣고 센 불에서 추가 돌 때까지 끓인다.

3 가장 약한 불로 낮춰 15분 정도 익힌다. 불을 끄고 뚜껑을 덮은 그대로 10분간 뒤 뜸을 들인다.

8

만들어두면 좋은 저탄수 홈메이드 소스 & 드레싱 & 육수

시판 소스나 드레싱은 당 함량이 높은 경우가 많아요. 기본이 되는 홈메이드 소스 & 드레싱 & 육수를 소개할게요.
미리 시간내서 만들어두면 책에서 소개하는 레시피에서 손쉽게 활용 가능하고,
시판 제품보다 훨씬 더 건강하게, 내 입맛에 맞게 즐길 수 있답니다.

육수 & 맛간장

멸치다시마국물 **900㎖ / 냉장 1주, 냉동 2개월**

물 5컵(1ℓ), 국물용 멸치 20마리(20g), 다시마 6×6cm, 대파 10g

1 멸치는 내장을 없앤다.
2 달군 팬에 기름을 두르지 않은 채 멸치를 넣고 약한 불에서 10분간 볶는다.
3 냄비에 물, 다시마를 넣고 약한 불에서 끓어오르면 멸치, 대파를 넣고 3분, 다시마를 건져낸 후 가장 약한 불로 줄여 15분간 끓인다.

닭육수 **3ℓ / 냉장 1주, 냉동 2개월**

닭 1마리(1kg), 물 25컵(5ℓ), 양파 1/2개(100g), 셀러리 1/4대(20g), 마늘 5쪽(25g), 당근 1/4개(50g), 월계수잎 1장, 통후추 5알

1 닭은 날개 끝, 꼬리 쪽의 지방, 목 주변 껍질을 제거한다.
2 큰 냄비에 물을 넣고 센 불에서 끓어오르면 모든 재료를 넣는다. 다시 끓어오르면 약한 불로 줄여서 1시간 30분 동안 국물의 양이 2/3 정도 될 때까지 끓인다.
3 체에 밭쳐 건더기를 건져낸 후 걸러낸 육수만 사용한다.

맛간장 **1ℓ / 냉장 3주, 냉동 3개월**

16kcal, 당질 2.22g/1큰술

* 설탕 대신 구운 채소로 단맛을 낸 맛간장.
시판 쯔유보다는 저당이지만 청주와 맛술
모두 곡식으로 만든 술이라서
당이 포함된 간장이니 과도한 섭취에 주의할 것

말린 표고버섯 1장(10g)
양파 20g
무 50g
대파 40g
국물용 멸치 10마리(10g)
다시마 6×6cm
마늘 6쪽(30g)
물 2와 1/2컵(500mℓ)
진간장 1과 1/2컵(300mℓ)
청주 1과 1/2컵(300mℓ)
맛술 1과 1/2컵(300mℓ)
가다랑어포 20g

1 멸치는 머리, 내장을 떼어낸다.
냄비에 물 2와 1/2컵(500mℓ),
말린 표고버섯, 멸치, 다시마, 마늘을
넣고 센 불에서 끓어오르면 다시마를
건져낸 후 약한 불로 줄여 8분간 끓인다.

2 달군 팬에 기름을 두르지 않고
양파, 무, 대파를 넣어 중간 불에서
2~3분간 뒤집어가며 굽는다.

3 ①의 냄비에 ②의 구운 채소를 넣고
약한 불에서 10분간 끓인 후
체에 밭쳐 국물만 따로 둔다.
* 국물의 양은 2컵(400mℓ) 정도이다.

4 냄비에 청주, 맛술을 넣고 센 불에서
끓어오르면 약한 불로 줄여 10분,
③의 국물, 진간장을 넣고 센 불에서
끓어오르면 가다랑어포를 넣고 바로
불을 끈다. 그대로 30분간 식힌 후
가다랑어포를 체로 건진다. 이때, 체에
밭친 가다랑어포를 꾹꾹 눌러 짜낸다.

소스 & 드레싱

불고기소스 **160g / 냉장 2개월**

27kcal, 당질 5.53g/1큰술

진간장 2큰술, 국간장 1큰술, 청주 2큰술, 굴소스 2/3큰술,
에리스리톨 스테비아 2큰술, 올리고당 3큰술, 후춧가루 약간

1 분량의 재료를 모두 섞는다.
* 다진 마늘, 다진 파, 다진 생강 등의 수분감 있는 재료를 더할 경우 보관 기간이 짧아지므로 먹기 직전에 취향에 따라 더해도 좋다.

유자 잣소스 **200g / 냉장 1주**

96kcal, 당질 2.01g/1큰술

달걀흰자 1개분, 잣 20g, 다진 마늘 1/2작은술,
유자청 건더기 1큰술, 올리고당 1큰술, 포도씨유 1/2컵(100mℓ),
식초 1큰술, 레몬즙 1작은술

1 유자청 건더기는 물에 헹군 후 다시 물에 10분간 담갔다가 물기를 꼭 짠다.

2 푸드프로세서에 모든 재료를 넣고 1분간 곱게 간다.

두유겨자소스 **120g / 냉장 2주**

19kcal, 당질 2.66g/1큰술

연겨자 1/2큰술, 물 1큰술, 무가당 두유 1큰술(매일유업 무가당두유),
식초 1/2큰술, 올리고당 1/2큰술,
에리스리톨 스테비아 1/2작은술, 소금 1꼬집

1 볼에 연겨자를 넣고 물을 조금씩 더해가며 잘 풀어준다.

2 나머지 재료를 모두 넣고 섞는다.

* 소량씩 만들어 먹기 좋은 건 소량 레시피로, 한 번에 넉넉히 만들어 두는 것이 좋은 것은 대량 레시피로 적었으니 참고해서 원하는 분량을 비율대로 늘리거나 줄여서 만드세요. 먹고 남은 건 냉장고에 넣어두고 보관 기간 내에 소비하세요.

땅콩간장소스 **50mℓ / 냉장 2주**

30kcal, 당질 3.27g/1큰술

땅콩버터 1/2큰술(39쪽), 올리고당 1/2큰술, 에리스리톨 스테비아 1/2큰술, 물 1큰술, 진간장 1큰술, 식초 1/2큰술

1 볼에 땅콩버터, 올리고당, 에리스리톨 스테비아를 넣고 섞는다.
2 나머지 재료를 모두 넣고 섞는다.

매운비빔양념 **70g / 냉장 2주**

23kcal, 당질 3.12g/1큰술

고춧가루 1큰술, 진간장 1큰술, 식초 1큰술, 에리스리톨 스테비아 1/2큰술, 올리고당 1작은술, 다진 파 1큰술, 다진 마늘 1작은술, 다진 생강 1/3작은술, 통깨 1/2작은술, 참기름 1/2작은술, 후춧가루 약간

1 분량의 재료를 모두 섞는다.

오일드레싱 **350mℓ / 냉장 2주**

59kcal, 당질 3.45g/1큰술

A 아보카도오일 1/2컵(100mℓ), 진간장 2큰술, 발사믹식초 1큰술, 에리스리톨 스테비아 2큰술, 올리고당 4큰술, 식초 3큰술, 레몬즙 2큰술, 통후추 간 것 약간

B 홀그레인 머스터드 1큰술, 다진 양파 2큰술, 다진 마늘 1작은술

1 푸드프로세서에 A 재료를 모두 넣고 1분간 간다.
2 B 재료를 넣고 섞는다.
  * 다진 마늘, 다진 양파를 처음부터 함께 갈면 드레싱이 빨리 상할 수 있다.

엔초비 갈릭오일 **3~4큰술 / 냉장 2주**

119kcal, 당질 0.48g/1큰술

올리브유 2큰술, 다진 마늘 1작은술, 엔초비 1조각, 케이퍼 3알,
페퍼론치노 1개, 바질 1장(또는 다른 허브), 딜 1/4줄기(또는 다른 허브),
그린올리브 1알

1. 달군 팬에 올리브유, 다진 마늘을 넣고
   약한 불에서 3분간 마늘이 노릇해질 때까지 볶는다.
2. 엔초비를 넣고 풀어가며 2분간 볶는다.
3. 나머지 재료를 모두 넣고 타지 않도록 약한 불에서 1분간 볶는다.

소이마요네즈 **320g / 냉장 1개월**

69kcal, 당질 0.80g/1큰술

무가당 두유 190㎖(매일유업 무가당두유), 포도씨유 190㎖,
식초 1큰술, 에리스리톨 스테비아 1과 1/2큰술, 소금 1작은술,
바질플레이크 1/4작은술(또는 다른 말린 허브), 통후추 간 것 약간

1. 푸드프로세서에 모든 재료를 넣고 걸쭉해질 때까지
   1분간 갈아준다.
   * 보관 시 좀 더 되직해지므로 너무 걸쭉해질 때까지 갈지는 않는다.
   * 바질플레이크는 바질을 말려서 굵게 갈아놓은 제품이다.

캐슈너트마요네즈 **415g / 냉장 2주**

39kcal, 당질 1.81g/1큰술

캐슈너트 150g, 무가당 두유 190㎖(매일유업 무가당두유),
물 1/4컵(50㎖), 에리스리톨 스테비아 1큰술, 레몬즙 1큰술,
소금 1/2작은술

1. 푸드프로세서에 모든 재료를 넣고 곱게 간다.

치폴레마요네즈 **280g / 냉장 2주**

49kcal, 당질 0.98g/1큰술

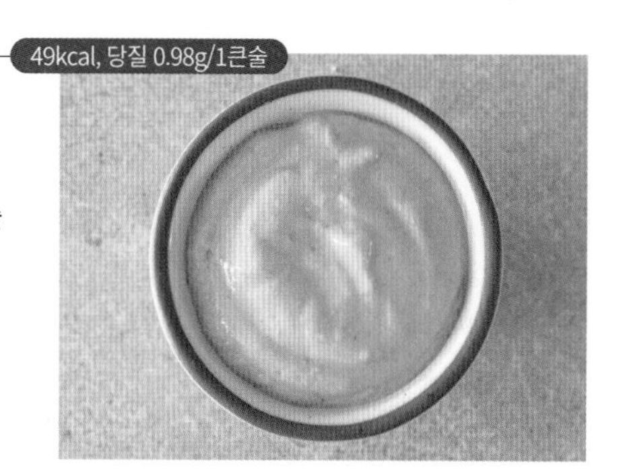

치폴레페퍼 1과 1/2조각, 무가당 두유 1/2컵(매일유업 무가당두유, 100㎖), 아보카도오일 1/2컵(100㎖), 식초 1/2큰술, 레몬즙 1/2큰술, 에리스리톨 스테비아 1큰술, 물 2큰술, 소금 1/2작은술

1 푸드프로세서에 모든 재료를 넣고 1분간 갈아준다.
  * 치폴레페퍼는 훈연한 고추를 향신료와 양념에 절인 제품이다.

양파들깨크림소스 **85g / 냉장 2주**

71kcal, 당질 2.67g/1큰술

시판 아보카도마요네즈 2큰술(초손푸드), 식초 1큰술, 에리스리톨 스테비아 1/2큰술, 다진 양파 2큰술, 거피들깨가루 2작은술, 소금 1/3작은술, 올리고당 2작은술

1 분량의 재료를 모두 섞는다.

흑임자랜치소스 **150g / 냉장 2주**

43kcal, 당질 2.18g/1큰술

소이마요네즈 3큰술(36쪽), 그릭요거트 3큰술, 레몬즙 1큰술, 올리고당 1큰술, 다진 양파 2큰술, 볶은 검은깨 간 것 2큰술, 소금 2꼬집

1 분량의 재료를 모두 섞는다.

버터 & 페스토

기버터 **400g / 냉장 6개월**

153kcal, 당질 0.20g/1큰술

무염 버터 450g

* 기버터는 버터를 높은 온도에서 끓여 수분을 걷어낸 정제버터이다. 버터를 끓이는 과정에서 유당은 제거되고 순수한 지방만 남게 된다.
또한 정제된 버터이기 때문에 고온으로 조리하는 경우에도 쉽게 타지 않아서 불을 사용하는 요리에 더하면 버터의 향을
더 잘 살리면서도 깨끗하게 볶을 수 있다. 실온에서도 쉽게 상하지 않아 보관 역시 용이하다.
불을 사용하는 요리에 기버터 대신 일반 버터를 사용할 경우 마지막에 넣어 풍미를 돋우는 용도로 사용하는 것이 적합하다.

1 버터를 한입 크기로 썰어
냄비에 담는다.

2 센 불에서 저어가며
버터를 완전히 녹인다.
중간 불로 줄여 5분 정도 끓이며
떠오르는 거품을 걷어낸다.

3 체에 마른 면보를 깔고 ②를 붓는다.
이 과정을 2회 더 반복해
걸러진 버터를 따로 둔다.
* 버터 사용 시 소독된 숟가락을
사용해야 오래 보관할 수 있다.

스파이시 기버터 **1큰술 / 냉장 1주**

125kcal, 당질 0.26g/1큰술

기버터 1큰술(38쪽), 고춧가루 3꼬집,
큐민파우더 1꼬집(또는 카레가루), 크러시드페퍼 1꼬집(또는 건고추)

1 팬에 기버터를 넣고 약한 불에서 천천히 녹여 액체 상태가 되면
고춧가루, 큐민파우더, 크러시드페퍼를 넣는다.

2 가장 약한 불로 줄여 20초 정도 매운 맛과 향이 우러날 때까지 끓인 후 불을 끈다.
* 잔열로 인해 고춧가루가 탈 수 있으므로 주의한다.

땅콩버터 **200g / 냉장 2개월**

125kcal, 당질 3.17g/1큰술

가염 볶은땅콩 200g
* 동량의 무염 볶은땅콩을 사용할 경우 소금 4g을 더한다.

1 작은 푸드프로세서에 땅콩을 넣고 30초 정도 갈아 가루 상태로 만든다.

2 주걱으로 가장자리를 긁어 모은 후 다시 30초간 갈아준다.

3 과정 ②를 한번 더 반복한다. 이때, 땅콩에서 나온 지방으로 인해
가루 상태에서 점점 뭉쳐지며 갈아진다.

4 원하는 농도가 될 때까지 과정 ②~③을 반복한다.
* 부드러운 땅콩버터를 만들고 싶다면 땅콩기름이나
포도씨유, 해바라기씨유 등 향과 색이 없는 기름 1작은술을 더한다.

마카다미아 바질페스토 **500g / 냉장 1주, 냉동 2개월**

71kcal, 당질 0.41g/1큰술

바질 250g, 마카다미아 100g(또는 다른 견과류), 올리브유 200g,
페코리노로마노치즈 50g(또는 그라나파다노치즈, 파르미지아노 레지아노치즈), 소금 5g

1 바질은 줄기를 떼어낸다.

2 끓는 물 + 소금(약간)에 바질을 넣고 3~5초 정도 데친 후 얼음물에 담가 식힌다.

3 바질의 물기를 없앤 후 체에 펼쳐 냉동실에서 10분 정도 살짝 얼린다.

4 달군 팬에 기름을 두르지 않고 마카다미아를 넣어
약한 불에서 2~3분간 노릇하게 볶는다.

5 푸드프로세서에 얼린 바질, 마카다미아, 올리브유, 페코리노로마노치즈, 소금을 넣고
30초~1분 정도 고운 상태가 되도록 간다.
* 페코리노로마노치즈는 양젖을 뜻하는 페코리노와 로마인을 뜻하는 로마노가
합쳐진 의미. 독특하고 강한 풍미를 가졌다. 페스토에 더하면 농도, 풍미,
간을 맞추는 역할을 한다.

딥핑류

비트후무스 **440g / 냉장 1주, 냉동 3개월**

72kcal, 당질 3.23g/1큰술

병아리콩 100g(불리기 전), 물 1/4컵(50mℓ), 베이킹소다 1꼬집, 비트 100g,
올리브유 100g, 타히니 1큰술(또는 통깨), 레몬즙 1큰술, 다진 마늘 1작은술, 소금 1작은술
* 후무스는 병아리콩을 으깬 것에 오일과 마늘을 섞어서 만든 중동 지역의 딥핑 소스

1 볼에 병아리콩, 물(4와 1/2컵, 분량 외)을 담고 냉장실에서 8시간 정도 불린다.
 * 병아리콩은 충분히 넉넉한 양의 물에 불려야 한다.

2 냄비에 병아리콩, 불린 물을 그대로 담고 베이킹소다를 더한다.
 센 불에서 끓어오르면 약한 불로 줄여 10분간 삶은 후 체에 밭쳐 물기를 뺀다.
 * 베이킹소다를 넣으면 콩을 먹고 나서 생기는 복부 팽만감을 없앨 수 있다.

3 비트는 껍질을 벗긴 후 0.5cm 두께로 얇게 썬다. 냄비에 비트, 물(2컵, 분량 외)을 넣고 센 불에서 끓어오르면 약한 불로 줄여 25분간 삶는다.

4 푸드프로세서에 모든 재료를 넣고 1분 정도 곱게 간다. * 타히니는 직접 만들어서 사용해도 좋다. 푸드프로세서에 볶은 통깨 200g을 넣고 곱게 간 후 소금 1작은술, 물 1큰술, 올리브유 4큰술, 레몬즙 2큰술을 섞으면 완성(냉장 3주 보관 가능)

에그과카몰리 **200g / 냉장 1주**

29kcal, 당질 0.31g/1큰술

아보카도 1개, 삶은 달걀 1개, 다진 토마토 1큰술, 다진 적양파 1큰술(또는 양파),
다진 마늘 1/2작은술, 다진 할라피뇨 1/2작은술, 레몬즙 1/2작은술,
이탈리안 파슬리 약간(또는 쪽파나 미나리, 영양부추), 소금 3꼬집, 후춧가루 약간
* 과카몰리는 으깬 아보카도에 토마토, 양파, 레몬즙, 소금 등을 섞어서 만든 멕시코 대표 소스

1 아보카도, 삶은 달걀은 굵게 으깬다.

2 나머지 재료를 모두 넣고 섞는다.

아몬드쌈장 **100g / 냉장 2개월**

62kcal, 당질 3.30g/1큰술

된장 2큰술, 다진 양파 1큰술, 다진 파 1큰술, 다진 마늘 1작은술, 다진 고추 1작은술,
다진 아몬드 2큰술, 고추장 2작은술, 올리고당 1작은술, 참기름 1/2작은술

1 분량의 재료를 모두 섞는다.

처트니 & 라구

양파처트니 **250g / 냉장 2개월**

39kcal, 당질 6.09g/1큰술

양파 1kg(약 5개), 아보카도오일 1큰술, 발사믹식초 1큰술, 물 3큰술, 소금 2꼬집, 후춧가루 약간, 바질플레이크 1꼬집(또는 다른 말린 허브나 생략 가능)

* 처트니는 과일이나 채소에 향신료를 넣어 만든 인도의 소스

1 양파는 0.3cm 두께로 채 썬다.

2 달군 팬에 아보카도오일을 두르고 양파를 넣어 약한 불에서 30~40분간 양파의 색이 연한 갈색이 될 때까지 볶는다.

3 나머지 재료를 모두 넣고 윤기가 나도록 중간 불에서 5분간 졸인다.

오리라구 **1kg / 냉장 1주, 냉동 2개월**

45kcal, 당질 0.88g/1큰술

오리고기 1kg(살만)
닭육스 5컵(1ℓ, 32쪽)
화이트와인 1/3컵(약 70mℓ)
베이컨 50g
양파 1과 1/2개(300g)
당근 1/2개(100g)
셀러리 100g
표고버섯 3개(75g)
된장 1큰술
다진 마늘 2큰술
그라나파다노치즈 4큰술
(또는 파르미지아노 레지아노치즈)
월계수잎 1장
후춧가루 약간

* 닭육수는 물 5컵(1ℓ)에
치킨파우더 2작은술을 섞어
한소끔 끓인 후 사용해도 좋다.

1 오리고기, 베이컨, 양파, 당근, 셀러리, 표고버섯은 사방 0.5cm 크기로 썬다.

2 달군 냄비에 기름을 두르지 않은 채 오리고기를 넣고 센 불에서 5분 정도 기름에 튀겨지듯이 살짝 노릇해질 때까지 볶는다. 이때, 오리 껍질에서 수분과 기름이 나와 처음에는 물이 생기지만 점차 수분이 날아가면서 기름이 투명해진다.

3 베이컨을 넣고 센 불로 3~5분 정도 오리고기와 베이컨이 전체적으로 튀겨지듯이 노릇노릇하게 볶는다.

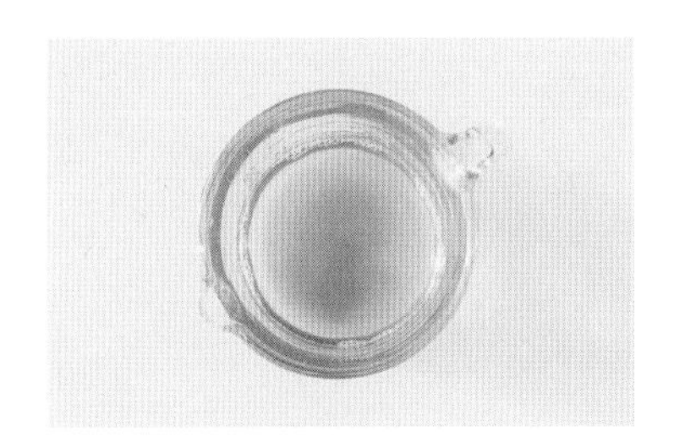

4 냄비를 기울여 오리기름을 따라내서 따로 그릇에 담아둔다.

5 ③의 냄비에 다진 마늘, 후춧가루를 넣고 센 불에서 2~3분, 화이트와인을 넣어 바닥에 눌어붙은 고기즙이 재료와 잘 섞이도록 긁는다.

6 양파, 당근, 셀러리, 표고버섯을 넣고 ④의 오리기름 2큰술을 더해 센 불에서 5분간 볶는다.

7 닭육수, 된장, 월계수잎을 넣고 약한 불에서 1시간~1시간 30분 정도 국물이 자박해지고 오리고기, 채소가 뭉근해질 때까지 끓인다. 이때, 눌어붙지 않도록 중간중간 저어준다.

8 그라나파다노치즈를 넣고 간을 한 후 월계수잎을 건지고 실온에서 충분히 식힌다.

Tip

오리라구는 많은 양을 끓여야 고기와 채소에서 충분히 맛이 우러난다. 한꺼번에 넉넉한 양을 만든 후 한 번 먹을 분량씩 소분해 냉동하면 2개월간 보관이 가능하다. 자연해동한 후 볶음밥, 파스타, 피자에 활용하면 좋다.

9

저탄수 균형식을 지키면서 외식 즐기기 & 치팅데이

매일 직접 만든 저탄수 균형식만 먹다 보면 어느 순간 확, 놓아버릴 수도 있어요. 따라서 가끔의 외식, 치팅데이라는 일탈이 필요한 법이죠. 그렇다고 무작정 먹느냐, 그럼 안되죠. 외식과 치팅데이에도 '저탄수 균형식'을 지키는 방법이 있습니다.

단백질, 채소 많이 먹기

일명 '단채많(단백질, 채소 많이)'을 기억하세요. 우리 몸의 위장 크기는 정해져 있기 때문에 단백질과 채소를 먼저 충분히 섭취하면 배가 불러 탄수화물을 덜 섭취하게 됩니다. 자연스레 저탄수 균형식이 되는 거죠.

[비율 맞춰 먹기]

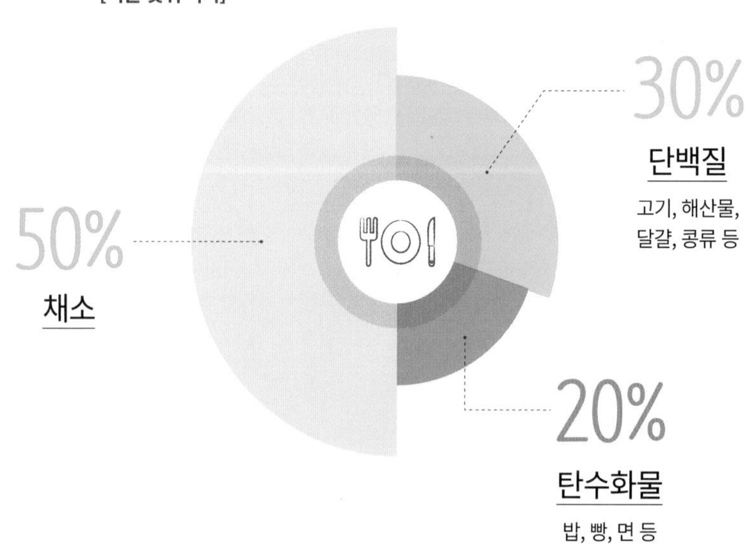

[먹는 순서 지키기]

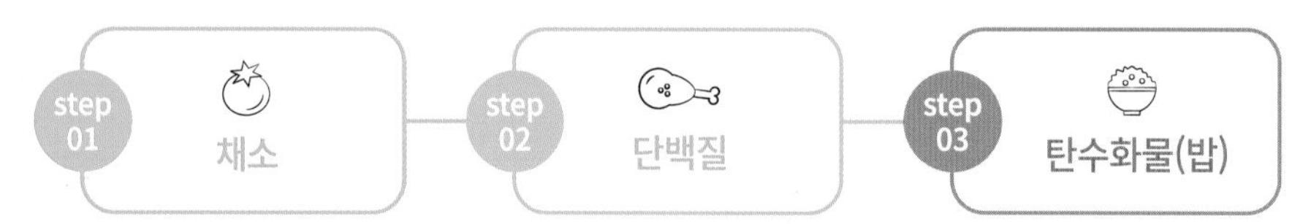

적합한 외식 메뉴 선정하기

- **샤부샤부** 고기는 1인분만, 채소는 충분히 넣어서 먹고 떡이나 어묵, 만두, 볶음밥이나 죽 등의 탄수화물 섭취는 줄이세요.
- **고깃집** 덜 기름진 고기 부위를 선택하고 쌈채소를 많이 먹습니다. 밥이나 냉면, 쌈장이나 달콤 짭짤한 절임류는 최소한으로 섭취합니다.
- **일식집** 해산물 위주로, 쌈채소를 충분히 곁들여 먹고 우동이나 죽, 초밥이나 튀김, 알밥, 콘치즈 등의 사이드 메뉴를 섭취하지 않도록 노력합니다. 찌개나 탕을 먹을 때는 건더기 위주로 섭취하고 파나 부추를 넉넉하게 넣어 먹거나 두부를 많이 넣어서 먹습니다. 공깃밥이나 면사리, 달콤한 반찬은 최소한으로 섭취합니다.
- **빵, 햄버거, 피자, 스파게티** 샐러드를 함께 주문해서 먼저 먹습니다. 달콤한 탄산음료보다는 따뜻한 물이나 차, 아메리카노를 음식에 곁들여 먹습니다. 소스나 드레싱은 최소한으로만 넣어 먹습니다.
- **술** 먹어야 한다면 빈속에 먹지 않도록 주의합니다. 위를 채우고 술을 마시면 알코올을 천천히 흡수하여 알코올성 저혈당이 예방되지만 공복에 술을 마시면 위장에 손상이 생길 뿐만 아니라 알코올성 저혈당이 올 수 있습니다.

후식은 NO! 걷기는 YES!

외식 후에 2차로 커피나 달달한 디저트를 먹는 것은 피하도록 해요.
또한 집으로 돌아가는 길에 한 정거장만 걸어보세요. 혈당을 확 줄일 수 있답니다.

치팅데이

사실 식단을 하는 180일 동안 하루도 빠짐없이 매일 색다른 건강식을 챙겨 먹었고 그것은 꽤 즐거운 일이라서 스트레스가 크진 않았어요. 식단에 대한 만족도가 높아서 치팅데이가 간절하진 않았지만, 가끔 밀려오는 라면이나 치킨에 대한 욕구를 잠재울 메뉴들은 분명 필요했죠. 치팅데이라고 해서 일반적인 고탄수 고지방의 외식메뉴를 마음껏 먹기에는 열심히 쌓아온 시간들이 아까워서 그렇게 하진 않았어요.
병아리콩을 갈아서 양념한 후 밀가루 없이 튀겨 먹거나 짜장소스를 끼얹은 두부면, 바나나로 단맛을 낸 오트밀팬케이크 정도가 제가 먹었던 치팅메뉴였습니다.

- **추천 치팅메뉴**
  바나나 오트팬케이크 & 땅콩버터(66쪽)
  두부면 간짜장(150쪽)
  크리스피 병아리콩(200쪽)

Chapter 1

Egg & Oatmeal

달걀 & 오트밀 요리

저는 혈당 관리를 시작할 때 제일 먼저 세웠던 목표가 아침식사를 꼭 챙기는 것이었어요.
긴 공복은 혈당 관리의 적이기 때문이죠.
책의 첫 번째 챕터로는 아침식사로 특히 활용하기 좋은
다양한 달걀 & 오트밀 요리를 소개할게요.

알아두면 좋은 저탄수 달걀 & 오트밀 요리 특징

매일 챙겨 먹는 달걀인 만큼 이떻게 키운건지 아는 게 중요합니다. 그러기 위해서는 달걀의 껍질에 적힌 난각번호를 확인하면 되는데요, 난각번호는 순서대로 산란일자, 생산자고유번호, 사육환경번호가 표기됩니다. 이중, 마지막 맨 끝 숫자인 사육환경번호가 중요한 것이지요. 사육환경번호는 1번이 가장 좋은 달걀이랍니다.

1 : 목장에서 자유롭게 키운 것
2 : 평사에서 케이지와 축사를 자유롭게 다니며 키운 것
3 : 일반 닭장에서 키운 것
4 : 일반 케이지에서 키운 것

오트밀은 오트(귀리)를 자르거나 그대로, 압착시키고 익힌 것이에요.
이 책에서 쓰인 오트밀은 통으로 구워 압착한 오트밀(롤드오트밀)을 사용했습니다.

오트밀은 가공법에 따라 GI 지수(음식의 당지수)가 다르기 때문에 선택에 주의가 필요해요. 오트밀 앞에 '인스턴트'나 '퀵'이라는 말이 붙어 2~3분 내에 조리할 수 있는 종류들은 가공이 많이 되어서 가루에 가까운 형태이기 때문에 GI 지수가 꽤 높은 편이니 주의하세요.

[추천 오트밀]

오트밀(롤드오트밀) 통으로 구워 압착한 것
스틸컷 오트밀 볶은 귀리를 쪼개놓은 것
브란 귀리의 겨만 모아둔 것

달걀 애호박 해시브라운

해시브라운은 감자를 채 쳐서 노릇하게 굽는 메뉴예요. 당지수가 높은 감자 대신 애호박으로 만들어 보았습니다. 애호박은 전분이 없는 당지수가 낮은 채소이다 보니 익혀도 서로 달라붙지 않기 때문에 흰자를 사용해서 엉기게 모양을 만들고 노른자를 올려 달걀프라이처럼 구워냈습니다. 맛이 고소해질 뿐만 아니라 달걀 단백질의 포만감까지 추가되니 일석이조예요! 아이들도 맛있게 잘 먹는답니다.

탄수화물 13%
지방 66%
단백질 21%
270 kcal
식이섬유 0.93g/4%
나트륨 231.9mg

1인분 / 20~25분

- 애호박 약 1/2개(100g)
- 달걀 2개
- 쪽파 1줄기
- 베이컨 1/2장(5g)
- 아보카도오일 1큰술
- 소금 1꼬집
- 통후추 간 것 약간

1 애호박, 베이컨은 0.3cm 두께로 채 썰고, 쪽파는 송송 썬다. 달걀은 흰자, 노른자를 따로 분리한다.

2 달군 팬에 아보카도오일을 두른 후 베이컨을 넣어 중간 불에서 2~3분간 노릇하게 볶은 후 덜어둔다.

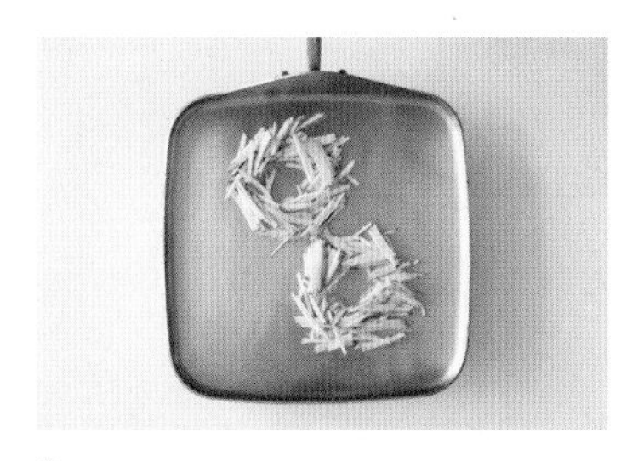

3 팬의 불을 켜지 않은 상태에서 애호박을 넣는다. 달걀프라이 정도 크기의 도넛 모양으로 2개 만든다.

4 달걀흰자를 애호박의 가운데 붓고 약한 불에서 3~4분간 가장자리가 노릇해지고 흰자가 80% 정도 익을 때까지 익힌다.

5 ②의 베이컨을 애호박에 올리고, 가운데에 달걀노른자를 올린다. 그대로 30초~1분간 익힌다.

6 쪽파, 소금, 통후추 간 것을 올린다.
* 베이컨이 짭조름하기 때문에 소금을 뿌리지 않아도 된다.

요리 Tip

- 소금 대신 그라나파다노치즈, 파르미지아노 레지아노치즈와 같이 단단하고 짭짤한 치즈를 갈아서 넣어도 좋다.
- 쪽파 대신 대파, 이탈리안파슬리, 바질 등의 허브를 다져서 더해도 좋다.

아보카도 달걀구이

'숲속의 버터'라고도 불리는 아보카도는 당지수가 매우 낮아요. 게다가 불포화지방산과 마그네슘, 칼륨 등이 풍부해서 심혈관계질환을 예방하고 혈압도 낮춰주지요. 후숙하여 부드럽게 잘 익은 아보카도를 구워 먹으면 마치 은행알을 먹는 듯한 풍미도 느낄 수 있습니다. 단, 칼로리는 100g당 190kcal로 높기 때문에 정제된 탄수화물로 만든 빵이나 밥과 함께 먹는 것은 주의해야 해요.

1인분 / 20~25분

- 잘 익은 아보카도 1개
- 달걀 2개
- 초리조 1장(또는 베이컨, 2g)
- 다진 양파 1작은술
- 다진 쪽파 1작은술
- 마카다미아 바질페스토 2작은술(39쪽)
- 소금 1꼬집
- 후춧가루 약간

방울토마토 샐러드

- 방울토마토 10개(150g)
- 오일드레싱 1큰술(35쪽)

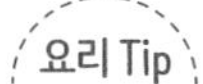

초리조(chorizo)는 다진 돼지고기를 양념한 후 얇은 막에 채워 넣고 염장, 건조해서 만든 스페인의 소시지이다. 베이컨, 다진 쇠고기를 볶아서 대체해도 좋다.

1 오븐은 180°C로 예열한다. 아보카도는 반으로 갈라 씨를 칼로 콕 찍어서 살짝 비틀어 뺀다. 방울토마토는 2등분하고, 초리조는 굵게 다진다.

2 아보카도의 껍질 아래쪽 가장 볼록한 부분을 살짝 잘라내서 바닥에 두었을 때 잘 세워지도록 한다.

3 아보카도는 가장자리 1cm 정도 남기고 속을 파낸다.

4 안쪽에 마카다미아 바질페스토를 얇게 펴 바른다.

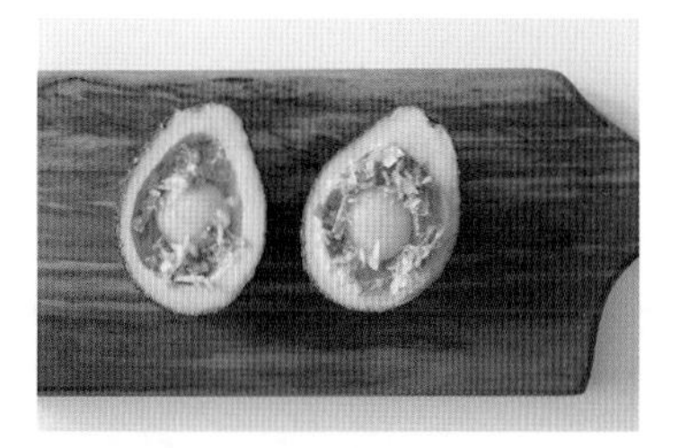

5 아보카도에 달걀을 넣고 다진 초리조, 다진 양파, 다진 쪽파, 소금, 후춧가루를 뿌려 180°C로 예열한 오븐에 넣어 15~18분간 달걀이 익고, 윗면이 노릇하게 될 때까지 굽는다.

6 볼에 방울토마토, 오일드레싱을 넣고 버무린 후 아보카도와 함께 그릇에 담는다.

양배추오믈렛

혈당 관리를 위해 잡곡밥과 곤약밥, 곤약면 등 식이섬유가 많은 재료들을 평소보다 많이 먹다 보면
소화가 벅찬 느낌이 들 때가 있어요. 그럴 땐 속을 편안하게 하고 혈당도 안정적이게 하는 양배추를 잔뜩 넣은 요리를 만들어 먹곤 해요.
양배추오믈렛은 모양을 너무 잘 만들려고 애쓰지 않아도 괜찮아요. 반으로 척~ 접기만 해도 풍성한 속재료 덕분에 충분히 근사하거든요.

탄수화물 16%
지방 19%
단백질 65%
323 kcal
식이섬유 2.40g/10%
나트륨 347.4mg

1인분 / 15~20분

- 달걀 2개
- 양배추 2장(손바닥 크기, 80g)
- 애호박 1/6개(30g)
- 양파 1/10개(20g)
- 베이컨 1장(10g)
- 바질 1장
- 그라나파다노치즈 간 것 1작은술
- 우유 1작은술
- 소금 1꼬집
- 후춧가루 약간
- 토마토케첩 1작은술
- 기버터 1/2큰술 + 1/2큰술(38쪽)

1 양배추, 애호박, 양파, 베이컨, 바질은 가늘게 채 썬다. 볼에 달걀을 풀고 그라나파다노치즈 간 것, 우유, 소금, 후춧가루로 밑간한다.

2 약한 불로 달군 팬에 기버터(1/2큰술)를 넣고 녹인 후 양배추, 애호박, 양파, 베이컨, 소금, 후춧가루를 넣고 3~5분간 볶은 후 덜어둔다.

3 팬을 닦고 중약 불에서 충분히 달군 후 기버터(1/2큰술)를 녹인다. ①의 달걀물을 붓고 젓가락을 사용해 바깥쪽에서 안쪽으로 원을 그리며 달걀물의 80% 정도만 익힌 후 바로 불을 끈다.

4 달걀의 1/2지점에 ②의 재료와 채 썬 바질을 올린다.
* 80% 정도만 익히고 나머지는 잔열로 익혀야 부드럽다.

5 반으로 접어 그릇에 담고 토마토케첩을 곁들인다.

영양 Tip

오믈렛을 만들 때 이미 기버터를 사용하기 때문에 지방이 풍부한 베이컨은 최소의 양으로 풍미만 더하는 것이 좋다.

매콤한 수란과 그릭요거트

스물여섯의 여름에 떠난 터키 이스탄불 여행에서 가장 기억에 남는 메뉴는 바로 수란에 요거트를 곁들여 먹는 터키쉬에그 츨브르(Çılbır)였어요. 따뜻한 요거트와 매콤한 버터소스의 조합이 호기심을 불러일으키죠? 특히 그릭요거트는 묽은 유거트에서 유청을 빼 치즈처럼 단단한 형태로 만드는데, 그 과정에서 유당이 많이 빠져나와 혈당에 대한 걱정을 덜 수 있는 고단백 저당 식품이에요.

탄수화물 26%
지방 56%
단백질 18%
405 kcal

식이섬유 1.29g/5%
나트륨 391.8mg

1인분 / 20~25분

- 그릭요거트 1컵(100g)
- 오이 1/5개(40g)
- 다진 양파 1큰술
- 다진 마늘 1/3작은술
- 다진 게맛살 1개분(18g)
- 딜 1줄기
- 홀그레인 머스터드 1/2작은술
- 소금 약간
- 통후추 간 것 약간
- 스파이시 기버터 1큰술(39쪽)
- 다진 이탈리안 파슬리 약간
  (또는 쪽파, 생략 가능)

수란

- 달걀 2개
- 굵은소금 1큰술
- 식초 1큰술

요리 Tip

- 미주라 통밀크래커나 채소스틱
  (당근, 오이, 셀러리 등) 등
  식이섬유가 풍부한 재료들과
  함께 먹는 것을 추천한다.
  크래커나 채소스틱에 수란을 찍고
  위에 그릭요거트를 얹은 후 스파이시
  기버터를 충분히 묻혀 먹는다.
- 과정 ③에서 수란 대신 반숙으로
  삶은 달걀을 대체해도 좋다.
- 딜, 이탈리안 파슬리는 생략하거나
  쪽파나 영양부추,
  참나물로 대체해도 좋다.

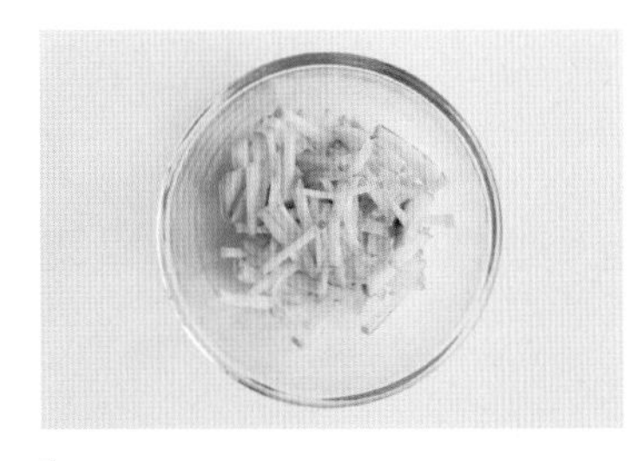

1 오이는 가늘게 채 썬 후
소금(약간)과 버무려 10~15분간
절인 다음 손으로 물기를 꼭 짠다.

2 큰 볼에 그릭요거트, ①의 오이,
다진 양파, 다진 마늘, 다진 게맛살,
딜, 홀그레인 머스터드, 소금,
통후추 간 것을 넣고 섞는다.

3 수란을 만든다. 냄비에 물(5컵),
소금, 식초를 넣고 끓어오르면
아주 약한 불로 줄인다.
물이 잔잔해지면 미리 볼에 담아둔
달걀 1개를 표면 가까이에서 살살
흘려넣고 3분~3분 30초간 익힌다.
같은 방법으로 1개 더 만든다.

4 그릇에 ②를 평평하게 펼쳐 담고
따뜻한 수란을 얹는다.
수란에 소금을 뿌리고,
다진 이탈리안 파슬리를 올린다.

5 내열용기에 스파이시 기버터를 넣고
전자레인지에서 10초 정도 데워
따뜻하게 한 후 ④에 끼얹는다.
노른자를 터뜨려 그릭요거트,
스파이시 기버터와 함께 먹는다.
* 그릭요거트는 따뜻한 달걀과
온도에서 이질감이 느껴지지 않게
너무 차갑지 않도록 준비한다.

순두부 프리타타

'프리타타(frittata)'는 달걀에 채소나 고기, 치즈 등의 재료를 넣고 오븐에 구워내는 이탈리아식 오믈렛입니다.
몽실몽실 부드러운 순두부로 포만감을 높이고 채소와 버섯을 더해 맛과 영양을 살렸습니다.

1인분 / 25~30분

- 달걀 2개
- 순두부 1/4팩(80g)
- 슬라이스 닭가슴살햄 1장(20g)
- 참나물 3~4줄기(10g)
- 느타리버섯 약 1/2줌(20g)
- 양파 1/10개(20g)
- 슈레드 치즈 약 1/3컵 (30g, 모짜렐라, 체다 믹스)
- 아보카도오일 1작은술
- 소금 2꼬집
- 후춧가루 약간

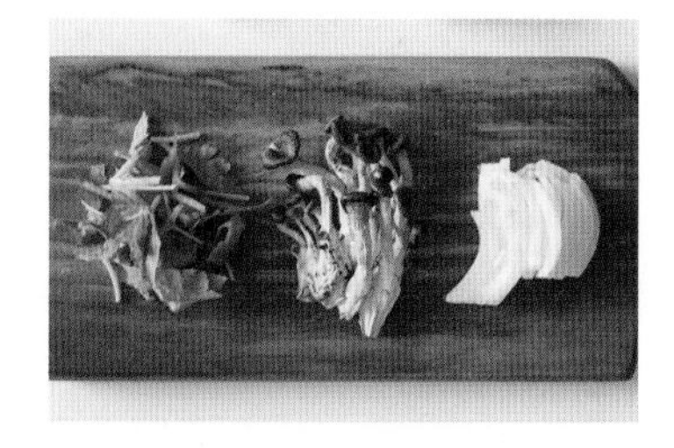

1 오븐은 200°C로 예열한다. 참나물은 2cm 길이로 썰고, 느타리버섯은 먹기 좋게 떼어내고, 양파는 0.3cm 두께로 채 썬다.

2 닭가슴살햄은 0.3cm 두께로 채 썬다. 작은 볼에 달걀을 풀고 소금, 후춧가루로 밑간한다.

3 주물팬(오븐용)을 약한 불에서 2분간 달궈 아보카도오일을 두른 후 닭가슴살햄, 느타리버섯, 양파를 넣고 중간 불에서 3~5분간 볶는다.
* 주물팬은 오븐에 들어갈 수 있는 지름 15cm, 깊이 3cm 정도의 크기를 추천한다.

4 주물팬에 ②의 달걀물을 붓고 순두부를 뚝뚝 잘라 올린다. 소금, 후춧가루로 밑간한다.

5 참나물, 슈레드 치즈를 올린다. 200°C로 예열한 오븐에 넣고 치즈가 노릇하게 녹고 달걀이 완전히 익을 때까지 10~12분간 굽는다.
* 프리타타의 가운데에 사선으로 젓가락을 찔렀을 때 달걀물이 묻어나오지 않으면 다 익은 것이다.

영양 Tip

순두부 프리타타는 단백질 위주의 요리이므로 가벼운 오일드레싱(35쪽)의 샐러드채소를 곁들여서 한끼 밸런스를 맞추는 것도 좋다.

요리 Tip

- 주물팬이 없다면 일반 팬에서 과정 ③까지 진행한 후 내열용기에 옮겨 담아 과정 ④부터 진행한다.
- 프리타타는 분량이 적을수록 높은 온도(190~200°C)에서 짧게 익혀야 달걀이 뻣뻣해지지 않는다. 반죽 분량이 많을수록 온도를 낮춰(165~175°C) 달걀물이 흐르지 않도록 충분히 굽는다.

육포 샥슈카

‘샥슈카(shakshouka)’는 토마토소스에 채소와 달걀을 넣어 만든 스튜로 중동의 가정식입니다. 빨간 토마토소스가 지옥불을 연상시킨다고 해서 영어권에서는 ‘에그인헬(egg in hell)’이라고도 불러요. 육포의 감칠맛이 더해져 묘하게 한국적이 느낌이 살아있는 샥슈카예요. 오랫동안 푹 끓이는 소스가 아니기 때문에 잘게 다져서 넣은 육포가 많이 부드러워지지는 않고 질깃함이 남아있는데요, 저는 오히려 그 포인트가 좋았어요. 육포를 천천히 여러 번 씹는 동안 식사 속도가 조절되어 혈당스파이크를 예방할 수 있으니까요.

401 kcal
탄수화물 44%
지방 34%
단백질 22%
식이섬유 4.25g/17%
나트륨 875.6mg

2인분 / 30~35분

- 달걀 3개

소스

- 홀토마토 1캔(400g)
- 물 1/2컵(100mℓ)
- 양파 약 1/4개(60g)
- 파프리카 1/3개(60g)
- 육포 20g
- 다진 마늘 1큰술
- 올리브유 1큰술
- 큐민파우더 1꼬집
  (또는 카레가루, 생략 가능)
- 소금 3꼬집
- 후춧가루 약간

곁들임

- 다진 이탈리안 파슬리 1줄기
- 그라나파다노치즈 간 것 1큰술
- 호밀빵 2조각

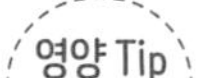

혈당 관리가 집중적으로 필요한 때는
호밀빵을 생략하도록 한다.
또한 단백질 섭취를 늘리고 싶을 때는
닭가슴살이나 다진 돼지고기,
쇠고기를 볶아서 더해도 좋다.

요리가 단순할수록 주재료의 신선도가
적나라하게 드러나므로 해당 요리는
달걀을 고를 때 난각번호(47쪽) 1번
또는 2번을 추천한다.

1 양파, 파프리카는 사방 1cm 크기로 썬다. 육포는 가위로 잘게 자른다.

2 달군 팬에 올리브유를 두른 후 다진 마늘을 넣어 약한 불에서 가장자리가 살짝 노릇해지도록 1분간 볶는다. 양파, 파프리카, 육포, 큐민파우더, 소금, 후춧가루를 넣고 3분간 볶는다.

3 홀토마토, 물(1/2컵)을 넣고 약한 불에서 3~5분간 홀토마토를 으깨가며 뭉근하게 끓인다.

4 3군데 구멍을 만든 후 달걀을 넣는다. 뚜껑을 열고 흰자가 다 익고 노른자는 반숙이 될 때까지 약한 불에서 5분간 그대로 익힌다.

5 뚜껑을 덮고 30초간 익힌다.

6 다진 이탈리안 파슬리를 올리고 그라나파다노치즈를 더한다. 따뜻하게 데운 호밀빵을 곁들인다.

아몬드와플과 트러플 리코타치즈

밀가루 대신 아몬드가루로 반죽하여 구워낸 와플입니다. 아몬드가루는 밀가루에 비해 식이섬유는 4~5배 높고, 당질은 1/10 수준이며 불포화지방산이 풍부해서 혈당관리에 도움이 되지요. 아몬드와플은 그냥 먹어도 고소하고 맛있지만 송로버섯 향이 나는 트러플 리코타치즈를 발라먹으면 브런치카페가 부럽지 않습니다. 저탄수로 건강한 브런치를 즐겨보세요.

2인분 / 15~20분

- 달걀 2개
- 아몬드가루 약 3/4컵(60g)
- 그릭요거트 2큰술
- 베이킹파우더 1/2작은술
- 아몬드밀크 2작은술
  (190쪽, 또는 우유, 두유, 물)
- 올리브유 2작은술
- 샐러드채소 1줌(10g)
- 프로슈토 2장
  (또는 구운 베이컨)

트러플 리코타치즈
- 시판 트러플소스 1/3작은술
  (생략 가능)
- 올리고당 1/2작은술
- 리코타치즈 2큰술
- 소금 1꼬집
- 후춧가루 약간

1 푸드프로세서에 달걀, 아몬드가루, 그릭요거트, 베이킹파우더, 아몬드밀크를 넣고 30초~1분간 갈아 반죽을 만든다.

2 예열한 와플팬에 올리브유를 붓으로 고루 펴 바른다.

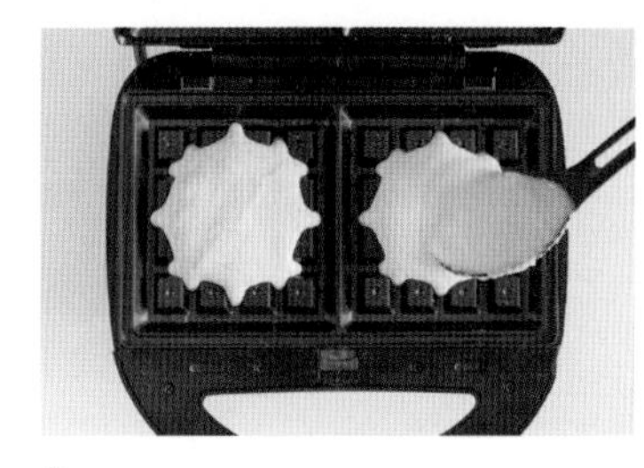

3 ①의 반죽을 1국자씩 올려 굽는다.

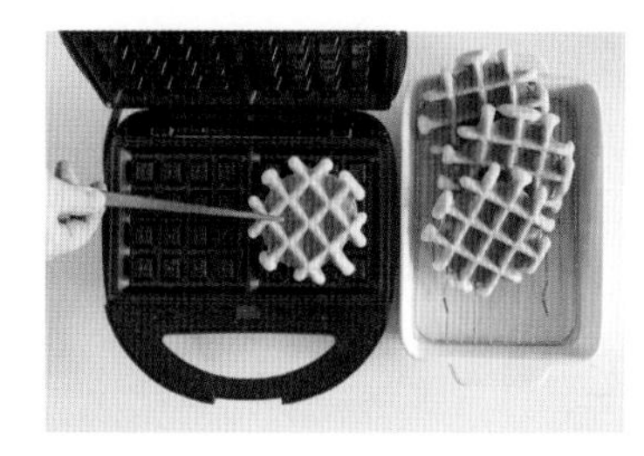

4 와플 양면의 색깔이 노릇하게 될 때까지 구운 후 식힘망에 식힌다.

5 볼에 트러플 리코타치즈 재료를 넣고 섞는다.

6 그릇에 ④의 아몬드와플을 담고 트러플 리코타치즈, 샐러드채소, 프로슈토를 곁들인다.

요리 Tip

시판 트러플소스는 대형마트에서 구매 가능. 없다면 다진 양송이버섯 볶은 것, 다진 블랙올리브, 트러플오일을 1 : 1 : 0.5로 섞어서 사용하면 된다. 또는 바닐라오일이나 바닐라에센스 1~2방울을 더해 디저트 느낌으로 즐겨도 좋다.

영양 Tip

단호박과 비슷한 식감과 맛을 지닌 재료 중 단호박이 당질(음식에 들어있는 당류와 전분의 총량에서 식이섬유나 대체당의 양을 뺀 값)의 양이 가장 적으므로 특히 추천하는 편. 단호박과 비슷한 재료를 쪘을 때의 당질을 비교하자면 단호박 < 밤호박 < 고구마 순이다.

미니 단호박 달걀치즈구이

단호박을 미리 쪄 두었다가 아침에 달걀과 치즈를 넣고 익히기만 하면 완성되는 훌륭한 요리입니다. 샐러드채소와 함께 먹으면 더 든든하게 즐길 수 있지요. 칼로리를 낮추고 싶다면 재료의 달걀을 2개로 늘리고, 슈레드 치즈의 양을 줄이세요.

1인분 / 20~25분

- 미니 단호박 1개(250g)
- 달걀 1개
- 슈레드 치즈 1/2컵
  (50g, 모짜렐라, 체다 믹스)
- 소금 1꼬집

1 미니 단호박은 전자레인지에서 3~5분간 돌린다. 윗면을 잘라낸 후 속의 씨를 파낸다.
* 단호박이 완전히 익도록 크기에 따라 전자레인지 조리 시간을 조절한다.

2 미니 단호박 속에 달걀을 넣고 포크로 노른자를 콕콕 찔러준 후 소금을 뿌려 밑간한다.
* 노른자를 미리 터뜨리지 않으면 익히는 도중 터질 수 있다.

3 그 위에 슈레드 치즈를 덮어 전자레인지에서 2분, 에어프라이어(또는 오븐)에 넣고 200°C에서 5~7분간 치즈가 노릇해지도록 굽는다.

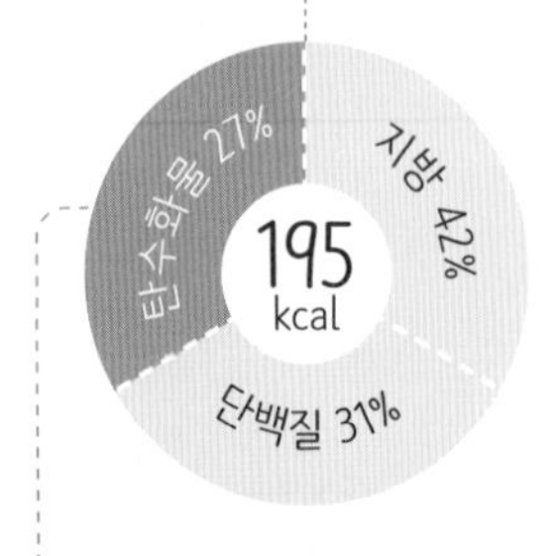

식이섬유 0.36g/1%

나트륨 508.8mg

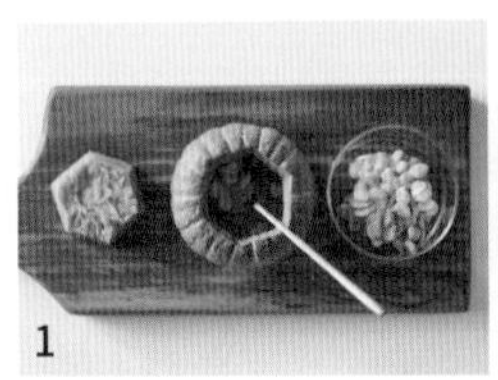
1

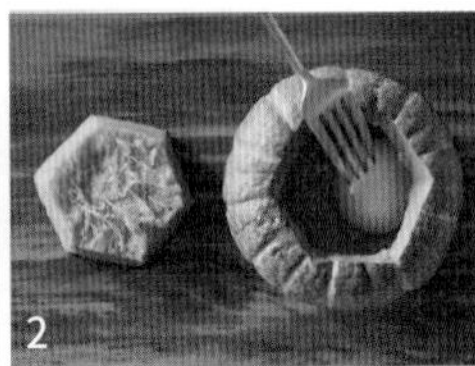
2

영양 Tip

- 혈당 조절을 위해서는 무르고 달콤한 과일(망고, 멜론, 포도 등)보다는 당도가 낮은 단단하고 새콤한 과일(배, 사과, 블루베리, 아보카도, 토마토, 레몬 등)을 선택하는 것이 좋다.
- 과일의 당은 흡수가 빨라서 섭취에 주의해야 하지만 과일 속에는 비타민, 무기질, 식이섬유 외에도 각종 항산화 물질이 풍부하기 때문에 적정량은 섭취하는 것이 중요하다. (하루 과일 적정 섭취량 21쪽 참고)

오버나이트 오트밀

혈당 관리에 중요한 아침식사는 꼭 챙기는 것이 중요해요. 아침식사의 가장 큰 적은 바로 귀찮음! 초간단 메뉴가 필요하지요. 전날 준비해 아침에 먹을 수 있는 오버나이트 오트밀을 추천합니다. 참, 치아씨드는 콜레스테롤을 낮추며 장 건강에 도움을 주고 물에 불리면 10배 이상 커져 포만감도 큰 재료이므로 꼭 더하는 것이 좋아요.

1인분 / 10~15분(+ 불리기 4~5시간)

- 오트밀 40g
- 치아씨드 5g
- 땅콩버터 1/2작은술(39쪽)
- 올리고당 1작은술
- 아몬드밀크 1/2컵 (100mℓ, 190쪽)
- 작게 썬 사과 1/5개(40g)
- 블루베리 10알(20g)
- 라즈베리 3알(10g)
- 무가당 요거트 3큰술

1 뚜껑이 있는 그릇이나 컵에 오트밀, 치아씨드, 땅콩버터, 올리고당, 아몬드밀크를 넣고 섞는다.

2 오트밀이 살짝 불어 위에 재료를 올려도 가라앉지 않을 때까지 5분 정도 둔다.

3 사과, 블루베리, 라즈베리를 ②에 올리고, 무가당 요거트로 윗면을 덮는다.

4 뚜껑을 덮고 냉장실에서 최소 4~5시간 뒀다가 먹는다.

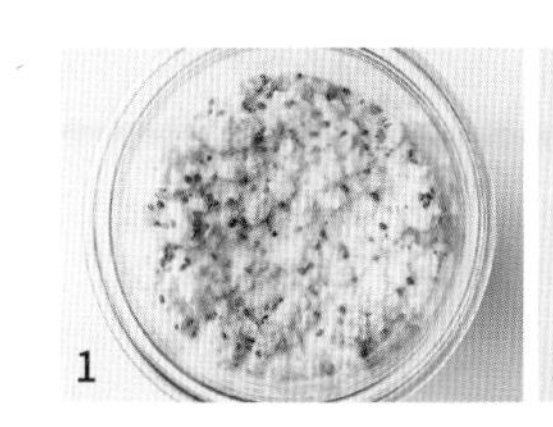
1

3

저탄수 오트그래놀라

'그래놀라(granola)'는 곡류, 건과일, 견과류 등을 설탕, 꿀, 오일과 섞어 구운 것입니다.
건강식이라고 생각할 수 있지만 시판 그래놀라의 바삭하고 달콤한 맛은 설탕과 꿀, 물엿 등의 혈당을 빠르게 올리는 단당류가 내는 것이므로 섭취 시 조심해야 합니다. 대신 식이섬유가 풍부한 오트밀에 다양한 견과류를 더하고 단맛을 줄인 홈메이드 그래놀라를 소개할게요.
샐러드에 토핑으로 곁들이거나 그릭요거트와 함께 요거트볼로 즐겨보세요.

약 570g(10회 분량) / 50~55분 / 냉동 2주

- 오트밀 200g
- 달걀흰자 1/2개 분량(20g)

시럽

- 아보카도오일 3큰술
- 조청 5큰술
- 계핏가루 1작은술
- 소금 2꼬집

견과류

* 견과류는 총량 250g을 사용하되, 다른 종류로 대체해도 무관하다.

- 피칸 50g
- 캐슈너트 50g
- 아몬드 슬라이스 50g
- 아몬드 40g
- 호박씨 30g
- 해바라기씨 20g
- 피스타치오 10g

영양 Tip

에리스리톨이나 알룰로스는 가열했을 때 끈끈하게 엉겨붙지 않아 바삭한 식감을 내야 하는 그래놀라를 만들 때는 적합하지 않다. 그래서 은은하고 자연스러운 단맛을 내는 조청을 최소한으로 사용했다. 단, 조청은 곡식을 엿기름으로 당화시켜 오랫동안 푹 고아서 만든 묽은 엿으로 혈당을 올리는 당재료 중 하나이므로 과도한 사용에 유의해야 한다.

요리 Tip

오트그래놀라는 그대로 먹어도 좋고, 샐러드의 토핑이나 그릭요거트에 과일과 함께 더해도 맛있다. 단, 요거트볼을 만들 때는 당이 높은 건과일이 아닌 생과일을 더하는 것을 추천한다.

1 오븐은 150°C로 예열한다. 작은 냄비에 시럽 재료를 담고 약한 불에서 잘 섞어가며 거품이 가운데까지 덮일 만큼 끓어오르면(약 1분) 불에서 내린다.
* 시럽을 먼저 끓인 후 재료와 버무리면 오븐에서의 조리 시간을 줄일 수 있다.

2 볼에 오트밀, 견과류를 담는다. ①의 시럽을 붓고 섞은 후 살짝 식힌 다음 달걀흰자를 넣어 한번 더 섞는다.

3 35 x 28cm 크기의 직사각형 오븐 팬에 유산지를 깔고 ②를 펼쳐 담는다. 150°C로 예열한 오븐에 넣고 130°C로 낮춘 후 15분간 굽는다.

4 오븐 팬을 꺼내 주걱으로 위아래를 뒤집어준 후 다시 고루 펼쳐 130°C에서 15분간 굽는다.
* 낮은 온도에서 수분을 최대한 날리며 바삭하게 말리듯 굽는 것이 포인트이다.

5 오븐 팬을 꺼내 주걱으로 위아래를 뒤집어준 후 고루 펼치고 150°C로 올려 15분간 굽는다. 다시 꺼내 주걱으로 위아래를 뒤집어준 후 고루 펼쳐 150°C에서 5~7분간 굽는다. 완전히 식힌 후 주걱으로 부숴 낱낱이 떼어낸다.
* 갓 구운 후에는 단단하지 않다.

바나나 오트팬케이크 & 땅콩버터

일반적인 팬케이크에는 곱게 분쇄된 정제 탄수화물인 밀가루와 단순당인 설탕이 많이 들어 있어 혈당을 아주 급격하게 올립니다. 그래서 식이섬유가 풍부한 오트밀과 덜 익은 바나나, 달걀을 섞어 저탄수 팬케이크를 만들었어요. 여기에 가이드 소스편에서 소개한 땅콩버터(39쪽)를 곁들여보세요. 근사한 브런치가 완성됩니다.

156 kcal
탄수화물 59%
지방 26%
단백질 15%
식이섬유 3.13g/13%
나트륨 62mg

2인분(4장 분량) / 30~35분

- 덜 익은 바나나 1개(100g)
- 오트밀 2큰술
- 달걀 1개(50g)
- 소금 1꼬집
- 베이킹파우더 1꼬집
- 바닐라 익스트랙 1/4작은술 (생략 가능)
- 아보카도오일 약간

토핑

- 블루베리 5알(10g)
- 로즈메리 1줄기
- 알룰로스 1작은술 (또는 올리고당)
- 땅콩버터 1작은술(39쪽)

1 푸드프로세서에 덜 익은 바나나, 오트밀, 달걀, 소금, 베이킹파우더, 바닐라 익스트랙을 넣고 오트밀이 완전히 갈려 걸쭉한 반죽이 될 때까지 30초~1분 정도 갈아준다

2 달군 팬에 아보카도오일을 붓고 키친타월로 펴 바른다. ①의 반죽을 1/4분량씩 붓고 지름 6~7cm 크기로 펼친다. 약한 불에서 30초~1분간 살짝 부풀어 오르면서 기포가 생길 때까지 굽는다.

3 반죽을 뒤집은 후 30초~1분간 더 굽는다.

4 그릇에 ③을 담고 토핑 재료를 골고루 올린다.

영양 Tip

바나나는 후숙 과정에서 자체의 전분이 당화되어 달콤한 맛을 낸다. 팬케이크 반죽에 잘 익은 바나나를 사용하면 더 달콤하지만 과육의 당분으로 인해 구웠을 때 반죽이 납작하게 퍼지고 팬에 눌어붙어 뒤집기 어렵다. 이 요리는 당화되기 전 덜익은 바나나에 들어 있는 전분을 활용한 것으로, 꼭지 부분에 연두빛이 도는 바나나를 사용하는 것이 중요하다.

오트밀 애호박장국죽

된장이나 간장으로 간을 맞춘 국물을 장국이라고 합니다. 장국죽은 여기에 쌀을 넣어 끓여 낸 죽이에요.
흰쌀 대신 식이섬유가 풍부한 오트밀로 끓인 오트밀 애호박장국죽은 급격한 혈당 상승을 예방하는데 도움이 됩니다.
얇게 썬 애호박, 쇠고기를 고명으로 올려 채소는 물론 단백질까지 골고루 섭취할 수 있는 영양밸런스가 훌륭한 요리예요.

1인분 / 25~30분

- 오트밀 40g
- 쇠고기 불고기용 50g
- 표고버섯 1개(25g)
- 애호박 1/6개(50g)
- 물 2컵(400㎖)
- 후춧가루 약간

양념
- 국간장 1작은술
- 다진 마늘 1/2작은술
- 다진 파(흰 부분) 1큰술
- 들기름 1/2작은술

1 표고버섯, 쇠고기는 굵게 다지고, 애호박은 동그란 모양을 살려 0.1cm 두께로 아주 얇게 썬다. 볼에 양념 재료, 쇠고기, 표고버섯을 넣고 버무린다.

2 약한 불로 달군 냄비에 ①의 쇠고기, 표고버섯을 넣고 약한 불에서 2~4분간 볶는다.

3 ②의 냄비에 물(2컵)을 넣고 센 불에서 끓어오르면 약한 불로 줄여 뚜껑을 덮고 5분간 끓인다.

4 오트밀을 넣고 눌어붙지 않게 저어가며 약한 불에서 3~5분간 죽과 같은 농도가 될 때까지 끓인 후 후춧가루를 더한다.

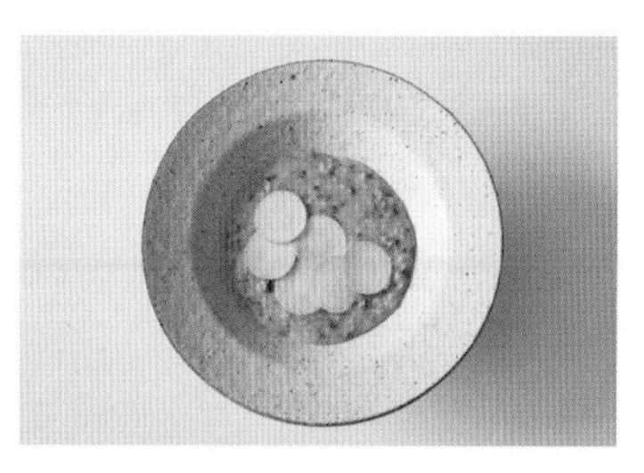

5 그릇에 담고 뜨거울 때 애호박을 펼쳐 올려 잔열로 익힌다.

요리 Tip

과정 ④에서 한입 크기로 썬 시금치나 케일, 부추, 깻잎순 등의 잎채소, 익힌 단호박, 토마토, 오징어, 새우를 더해도 좋다.

오트밀 삼계죽

당뇨라는 질병은 무엇이 부족해 걸리는 병이 아니라 너무 넘쳐서 생기는 병이잖아요.
그러다 보니 고칼로리 보양식도 따로 먹을 필요가 없겠더라고요. 그럼에도 불구하고 더운 여름, 에너지가 필요할 때가 있습니다.
이때 좋은 당뇨식 보양요리가 바로 오트밀 삼계죽! 전자레인지로 만드니깐 무더위에 불 앞에 서있지 않아도 돼서 더 완벽하지요.
인삼을 빼고 만들면 유아식으로도 활용 가능해요.

탄수화물 55%
지방 13%
단백질 32%
236
kcal

식이섬유 3.63g/15%
나트륨 59.4mg

2인분 / 25~30분

- 오트밀 80g
- 다진 양파 2큰술
- 다진 당근 2큰술
- 다진 쪽파 1작은술(생략 가능)
- 소금 2꼬집
- 후춧가루 약간

육수
- 닭가슴살 1쪽(100g)
- 물 3컵(600mℓ)
- 대파(푸른 부분) 10cm
- 마늘 1쪽(5g)
- 수삼 10g
- 청주 1큰술

닭가슴살 밑간
- 통깨 1/2작은술
- 들기름 1/4작은술
- 소금 약간
- 후춧가루 약간

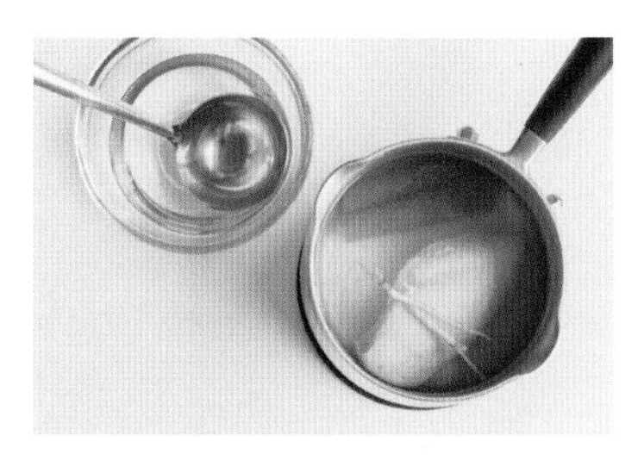

1 냄비에 육수 재료의 물(3컵), 대파, 마늘, 수삼을 넣고 센 불에서 끓어오르면 닭가슴살, 청주를 넣고 약한 불로 줄여서 12분간 삶는다. 끓이는 도중 생기는 거품은 걷어낸다.

2 닭가슴살은 건져 한 김 식혀 잘게 찢고, 육수는 걸러서 따로 둔다.

3 닭가슴살에 밑간 재료를 넣고 버무린다.

4 내열용기에 오트밀, 다진 양파, 다진 당근, ②의 육수를 넣고 섞는다. 전자레인지에서 3분씩 2회 돌려 되직한 농도로 만든다. ③을 올린 후 다진 쪽파를 뿌리고, 소금, 후춧가루로 부족한 간을 더한다.

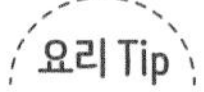

요리 Tip

좀 더 간편하게 만들고 싶다면 닭가슴살을 시판 수비드 닭가슴살로 대체하고, 재료의 소금을 생략한다. 또한 육수는 물 2컵(400mℓ) + 치킨파우더 1/3작은술로 대체할 수 있다.

Chapter 2

Soup & Salad & Sandwich

수프 & 샐러드 & 샌드위치

당뇨 관리를 위한 식사라고 해서 매번 밥, 반찬만 먹진 않아요.
수프, 샐러드, 그리고 빵이 들어간 샌드위치까지, 다양한 요리를 즐길 수 있지요.
특히 샐러드와 샌드위치는 아삭한 채소와 푸짐한 단백질을 맘껏 먹을 수 있어서
알고 보면 더 좋은 저탄수 균형식 메뉴랍니다.

알아두면 좋은 저탄수 수프 & 샐러드 & 샌드위치 특징

수프는 상대적으로 염도가 높은 국물보다는
건더기가 많도록 만들어서 먹는 것이 혈당 관리에 더 좋아요.

샐러드에 더하는 드레싱은 생각보다 칼로리도, 당도 높은 경우가 많아요.
특히 시판 드레싱이 그러하지요. 이왕이면 저탄수 균형식을 위한
홈메이드 드레싱(34쪽)을 만들어 적정량 사용하도록 하세요.
샐러드를 만들 때는 단백질 재료가 들어가도록 구성하는 것이 좋습니다.
그래야 포만감이 오래 유지되고, 혈당 관리에도 도움이 되거든요.
대표적인 단백질 재료로는 콩, 달걀, 치즈, 생선, 해산물, 고기 등이 있답니다.

샌드위치에 사용하는 빵은 흰밀가루가 아닌 통곡물이나 호밀로 만든 것을
사용하세요. 통밀식빵, 호밀식빵, 통밀크래커 등이 있습니다. 집중적으로 관리가
필요한 날에는 빵을 1장만 사용하는 오픈샌드위치를 추천해요.
샌드위치 스프레드 역시 홈메이드 소스나 페스토(39쪽)로 사용하는 것이 좋아요.
시판 스프레드나 잼은 당뿐만 아니라 칼로리도 높은 편이랍니다.

저탄수 클램차우더

제 고향 장흥은 4월 중순이 되면 바지락이 아주 실하게 영글어 조개요리를 많이 만들곤 해요. 그래서 제철에는 조개수프인 클램차우더를 꼭 끓여 먹어요. 원래는 밀가루와 버터를 볶아 만든 화이트 루(white roux)를 넣어 걸쭉한 농도로 만드는데, 혈당을 관리하는 입장에서는 먹기가 좀 부담스러워 루 대신 오트밀파우더를 사용해 적당한 농도의 저탄수 클램차우더를 끓여보았어요.

2인분 / 30~35분(+ 바지락 해감하기 12시간)

- 바지락 400g
- 물 2와 1/2컵(500㎖)
- 양파 1/4개(50g)
- 대파 약 1/3대
- 고구마 1/6개(30g)
- 당근 약 1/7개(30g)
- 표고버섯 2개(50g)
- 베이컨 2장(20g)
- 오트밀파우더 3큰술
- 기버터 2큰술(38쪽)
- 생크림 2큰술
- 그라나파다노치즈 간 것 1큰술 (또는 파르미지아노 레지아노치즈)

1 스테인리스 볼에 바지락, 물(5컵), 소금(1큰술)을 넣고 뚜껑을 덮어 어둡게 만든 후 실온에서 30분, 냉장실에서 하룻밤 정도 해감한다. 해감한 바지락은 흐르는 물에 충분히 씻어 짠맛을 없앤다.

2 큰 냄비에 해감한 바지락, 물(2와 1/2컵)을 넣고 센 불에서 5분간 끓여 조개가 입을 벌리면 불을 끈다. 조갯살을 발라내고 육수는 체에 밭쳐 준비한다.

3 작은 볼에 ②의 조개육수 4큰술, 오트밀파우더를 넣고 거품기로 잘 섞는다.

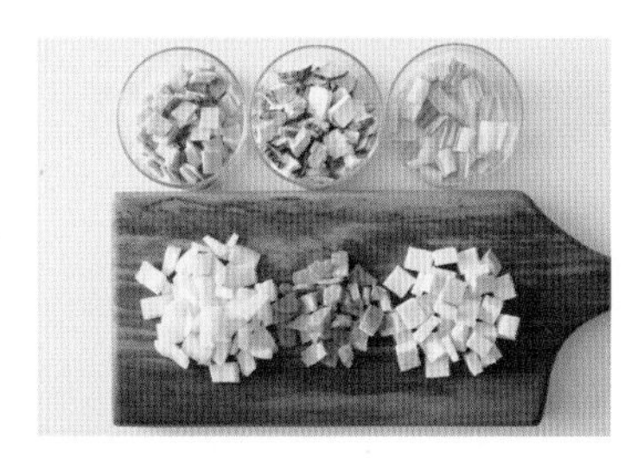

4 양파, 대파, 고구마, 당근, 표고버섯, 베이컨은 굵게 썬다.

5 달군 냄비에 기버터를 녹인 후 ④를 넣고 중약 불에서 3~5분간 볶는다. ②의 조개육수를 붓고 재료가 푹 익도록 중간 불에서 5분간 끓인다.

6 ③을 넣고 중간 불에서 3분간 끓인 후 생크림, 그라나파다노치즈, ②의 조갯살을 넣고 한번 더 부르르 끓인다.

요리 Tip

- 표고버섯은 동량(50g)의 다른 버섯, 단호박, 셀러리 등의 재료로 대체해도 좋다
- 오트밀파우더는 집에 있는 오트밀을 믹서에 갈아서 사용하는데, 시판 오트밀파우더를 사용해도 좋다.

게맛살 달걀수프

저는 요리 만드는 것을 무척 즐기는 사람이지만 가끔은 '내가 움직이지 않으면 내 식사를 챙기는 사람이 없다'는 사실에 서글플 때가 있어요. 이럴 땐 라면보다 만들기 쉬운 게맛살 달걀수프를 끓이지요. 게맛살 몇 조각에 달걀을 넣어 끓여 낸 수프 한 그릇으로 지금까지 해오던 일에 대한 애정을 계속해서 이어나갈 힘을 얻곤 합니다.

234 kcal

탄수화물 35%
지방 37%
단백질 28%

식이섬유 2.05g/8%
나트륨 635.7mg

1인분 / 10~15분

- 게맛살 3개(54g)
- 팽이버섯 30g
- 다진 파 2작은술
- 다진 마늘 1작은술
- 다진 생강 1/4작은술
- 아보카도오일 1/2큰술
- 달걀흰자 1개 분량
- 소금 2꼬집
- 후춧가루 약간

국물
- 오트밀파우더 2큰술
- 닭육수 2컵(400㎖, 32쪽)

토핑
- 다진 쪽파 1작은술(생략 가능)
- 통깨 약간
- 참기름 약간

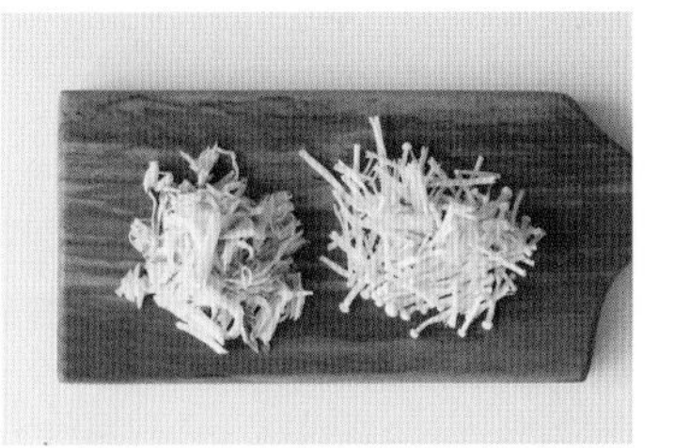

1 게맛살은 결대로 잘게 찢고, 팽이버섯은 2cm 길이로 썬다.

2 볼에 국물 재료를 모두 넣고 뭉치지 않게 잘 풀어둔다.

3 달군 냄비에 아보카도오일을 두르고 다진 파, 다진 마늘, 다진 생강을 넣어 약한 불에서 30초, 게맛살, 팽이버섯을 넣고 30초간 볶는다.

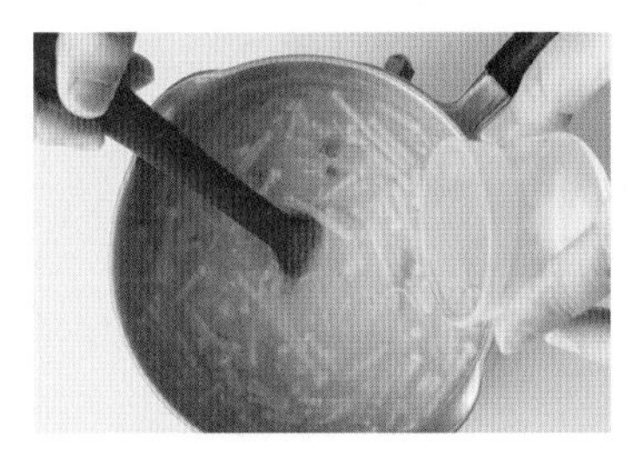

4 ②를 넣고 저어가며 중간 불에서 3분간 끓인 후 달걀흰자를 넣고 10~20초 정도 빠르게 휘저어 바닥에 눌어붙지 않게 풀어준다. 불을 끄고 소금, 후춧가루로 부족한 간을 더한 후 그릇에 담고 토핑을 올린다.
* 완성된 직후에는 묽은 편이지만 시간이 지날수록 오트밀이 불어 되직해진다.

요리 Tip

- 닭육수는 물 2컵(400㎖) + 치킨파우더 1/3작은술로 대체할 수 있다.
- 오트밀파우더는 집에 있는 오트밀을 믹서에 갈아서 사용하는데, 시판 오트밀파우더를 사용해도 좋다.

비트 양파수프

차가운 수프인 '가스파초(gazpacho)'는 토마토로 만드는 게 일반적인데요, 저는 혈관을 청소해 주는 비트와 양파로 끓여보았어요.
비트, 양파, 파프리카가 가진 단맛을 활용하고, 식초로 산뜻한 풍미를 살렸습니다. 그냥 수프처럼 먹어도 맛있고
샐러드 드레싱이나 기름진 음식을 찍어 먹는 소스, 상큼한 주스 대용 등으로 얼마든지 활용 가능해요.

탄수화물 70%
지방 17%
단백질 13%
82 kcal

식이섬유 4.12g/16%

나트륨 152.1mg

4인분 / 30~35분 / 냉장 2주

- 비트 1개(중간 크기, 300g)
- 양파 1과 1/2개(300g)
- 파프리카 1개(160g)
- 다진 마늘 1작은술
- 식초 40㎖
- 물 5컵(1ℓ)
- 소금 1/3작은술

토핑(1인분)

- 무가당 요거트 1큰술
- 식용꽃 약간(생략 가능)
- 피스타치오 2~3개
- 올리브유 1작은술

1 비트는 필러로 껍질을 벗긴다.
비트, 양파, 파프리카는
0.5cm 두께의 한입 크기로 썬다.
* 비트를 손질할 때는 빨간물이
스며들 수 있으므로 위생장갑을
착용하는 것이 좋다.

2 냄비에 비트, 양파, 파프리카,
다진 마늘, 식초, 물(5컵)을 넣고
채소가 충분히 익도록 약한 불에서
20~30분간 저어가며 끓인다.
소금으로 간을 더한 후 한김 식힌다.

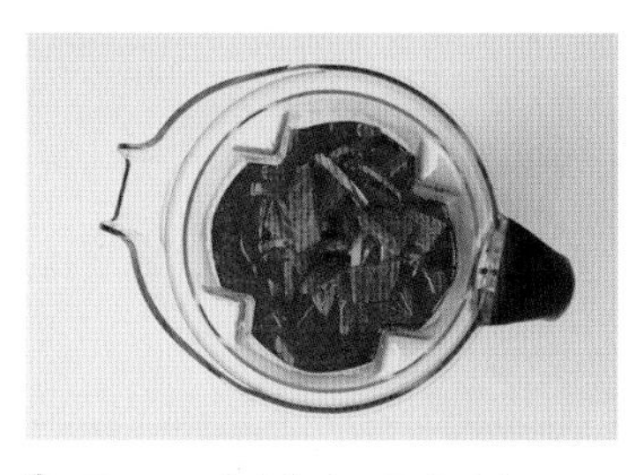

3 푸드프로세서에 넣고 곱게 간다.

4 그릇에 담고 토핑 재료를 올려
장식한다.

요리 Tip

- 한번 먹을 분량씩 지퍼백에 담아
냉동(2개월), 자연해동 후
그대로 수프로, 샐러드 드레싱,
소스로 즐겨도 좋다.
- 피스타치오는 혈압을 내려주는
효과가 있어 추천하는 견과류이다.
아몬드나 호두, 피칸, 해바라기씨,
호박씨 등으로 대체해도 좋다.

렌틸콩 치킨수프

볼록한 렌즈모양을 하고 있어 렌즈콩이라고도 불리는 렌틸콩은 미국의 건강 전문지 '헬스(Health)'에서 선정한 세계 5대 슈퍼푸드 중 하나예요. 양질의 단백질과 무기질, 비타민, 식이섬유가 풍부한 식품이죠. 알갱이가 작아서 불리거나 익히는 시간이 짧아 편리하고 감칠맛과 특유의 풍미도 매력적이라 요리에 두루두루 사용하기 좋아요.

2인분 / 35~40분(+ 렌틸콩 불리기 2~3시간)

- 렌틸콩 약 1/3컵(50g)
- 닭가슴살 1쪽(100g)
- 양파 약 1/3개(75g)
- 당근 1/4개(50g)
- 셀러리 1/2대(60g)
- 베이컨 2장(20g)
- 월계수잎 1장
- 통조림 토마토 페이스트 1큰술
- 화이트와인 2큰술
  (또는 청주)
- 올리브유 2큰술
- 물 5컵(1ℓ)
- 소금 약간
- 후춧가루 약간

1 볼에 렌틸콩, 잠길 만큼의 물을 담고
2~3시간 정도 불린 후
체에 밭쳐 물기를 뺀다.

2 양파, 당근, 셀러리, 베이컨, 닭가슴살은
굵게 다진다.

3 달군 냄비에 올리브유를 두르고
②를 넣어 중간 불에서 2~3분,
토마토 페이스트를 넣고
타지 않게 1분간 볶는다.

4 렌틸콩을 넣고 중간 불에서 1분,
화이트와인을 넣고 1분간
알코올이 날아가도록 볶는다.

5 월계수잎, 물(5컵)을 넣고
렌틸콩이 충분히 익도록
중약 불에서 10~15분간 끓인 후
월계수잎을 건져낸다.
소금, 후춧가루로 부족한 간을 더한다.

영양 Tip

수프는 국물보다 건더기가 많게
끓여야 나트륨은 적게, 섬유질과
단백질은 많이 섭취할 수 있다.

요리 Tip

남은 통조림 토마토 페이스트는
지퍼백에 담아 4~6조각으로 칼자국을
낸 후 냉동한다. 해동 없이 1조각씩
떼어내어 바로 요리에 넣어 활용한다.

요리 Tip

보관 시 생기는 국물은 버리지 않고
샐러드의 드레싱으로 즐겨도 좋다.

당근라페 & 비트라페

'라페(râpées)'는 프랑스어로
'잘게 갈다'라는 뜻입니다. 라페는
대부분 당근으로 만드는데요,
저는 비트로도 만들었어요. 촉촉한
상태 그대로 샐러드로 먹어도 좋고,
물기를 꼭 짠 후 김밥이나 샌드위치
속재료로 활용해도 아삭하고 맛있어요.

각 1인분(샐러드로 섭취시) / 10~15분 / 냉장 1~2주

당근라페

- 당근 약 1/3개(150g)
- 오일드레싱 1큰술(35쪽)

비트라페

- 비트 1/2개(중간 크기, 150g)
- 오일드레싱 1큰술(35쪽)

1 당근과 비트는 필러로 껍질을 벗긴 후
채칼로 최대한 가늘게 채 썬다.
* 비트를 손질할 때는 빨간 물이 스며들 수
있으므로 위생장갑을 착용하는 것이 좋다.

2 비트는 내열용기에 담고
전자레인지에서 3~5분간 살짝 익은 상태가
될 때까지 익힌 후 그대로 식힌다.
* 비트는 익혀서 먹어야 신장에
무리가 가지 않는다.

3 당근, 비트에 각각
오일드레싱을 넣고 버무린다.

1

3

수박 페타치즈 샐러드

양젖으로 만든 페타치즈는 숙성 과정을 거치지 않고 소금물에 담가 보관해 짭짤한 맛이 특징이에요. 시원한 맛의 수박, 오이나 토마토, 양파, 올리브 등의 재료와 특히 잘 어울립니다. 별다른 드레싱이 필요 없고, 좋은 올리브유와 페타치즈, 레몬즙과 통후추만 있으면 되는 훌륭한 샐러드를 소개할게요.

2인분 / 10~15분

- 수박 200g(과육만, 또는 오이)
- 블루베리 10알(20g)
- 페타치즈 10g
- 올리브유 1큰술
- 레몬즙 1작은술
- 통후추 간 것 약간

토핑(생략 가능)
- 와일드루꼴라 10g
- 허브 약간

1. 멜론볼러를 이용해 수박 과육을 둥글게 판다.
   * 볼러가 없다면 한입 크기로 썰어도 좋다.
2. 그릇에 수박, 블루베리, 페타치즈를 담는다.
3. 토핑 재료를 올린 후 올리브유, 레몬즙, 통후추 간 것을 더한다.

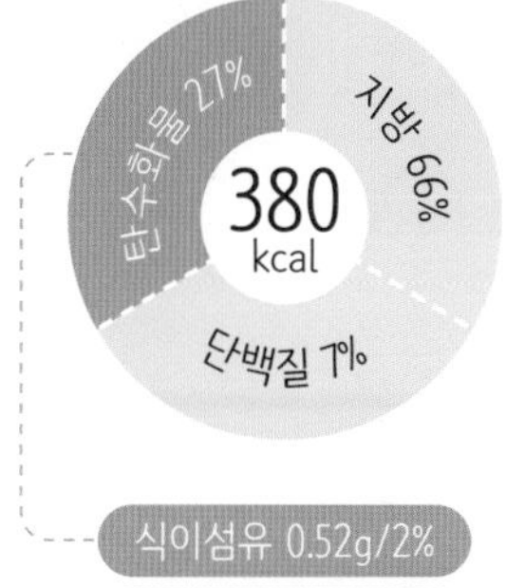

식이섬유 0.52g/2%

나트륨 52.3mg

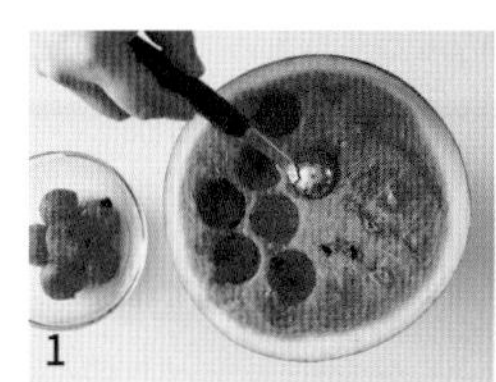
1

2

훈제오리 그린빈 샐러드

껍질째 먹는 콩인 그린빈은 식이섬유가 풍부하고 열량은 낮은 장점이 있습니다.
제철인 초여름에 넉넉하게 구입해서 데쳐 냉동해두세요. 볶음 요리에 더해도 잘 어울리고, 다른 채소와 함께 오븐에 구워도
식감이 살아 있어서 좋답니다. 훈제오리는 불포화지방산이 풍부하고 조리가 간편해서 가끔씩 사용하는데
조미가 되어있는 가공육인 만큼 과하게 섭취하지 않도록 주의하세요.

1인분 / 25~30분

- 훈제오리 50g
- 그린빈 약 10~15개(100g)
- 강낭콩 약 2~3큰술(30g)
- 슈레드 치즈 약 1/3컵
  (30g, 모짜렐라, 체다 믹스)
- 방울토마토 3개(45g)
- 올리브유 1작은술
- 소금 2꼬집
- 후춧가루 약간
- 오일드레싱 1작은술(35쪽)

영양 Tip

당 흡수율을 낮추고 싶을 때는
채소를 레시피 시간보다
더 짧게 살짝 익히고,
소화를 원활하게 하고 싶을 때는
무르게 익히는 것이 좋다.

요리 Tip

그린빈을 냉동 그린빈으로 대체할 경우
데치는 시간은 30초로 줄이고,
과정 ④에서 에어프라이어(또는
오븐)에 굽는 시간을 6분으로 줄인다.

1 방울토마토는 2등분하고,
훈제오리는 0.5cm 두께로 채 썬다.

2 끓는 물(2와 1/2컵) + 소금(1작은술)에
그린빈, 강낭콩을 넣고 1분간 익힌다.
그린빈만 건져 찬물에 담가 식히고,
약한 불로 줄여 강낭콩은 15분간
더 삶은 후 물기를 뺀다.

3 볼에 강낭콩, 방울토마토,
오일드레싱을 넣고 버무린다.

4 오븐 용기에 그린빈, 올리브유,
소금, 후춧가루를 넣어 버무린다.
위에 훈제오리를 올린다.
에어프라이어(또는 오븐)에 넣고
180°C에서 7분간 익힌다.
* 에어프라이어는 3~5분,
오븐은 10분 정도 예열한다.

5 슈레드 치즈를 얹어 5분간 더 굽는다.

6 ③을 올려 완성한다.

토마토 브로콜리 스팀샐러드

토마토 자체의 수분을 활용한 메뉴예요. 토마토의 감칠맛이 아주 진해서 소금 약간과 레몬즙, 올리브유만 더해도 풍미가 충분히 좋아요. 브로콜리 대신 방울양배추나 콜리플라워를 넣어도 잘 어울립니다.

153 kcal
탄수화물 26%
지방 62%
단백질 12%
식이섬유 3.31g/13%
나트륨 73.6mg

2인분 / 20~25분

- 토마토 2개(잘 익은 것, 340g)
- 브로콜리 약 1/6송이(50g)
- 캐슈너트 약 1~2큰술
- 아몬드 1/2큰술
- 레몬 1/2개
  (레몬즙, 레몬제스트 각각 사용)
- 올리브유 1큰술
- 소금 3꼬집
- 통후추 간 것 약간

1 캐슈너트, 아몬드는 굵게 다진다.

2 토마토 꼭지 부분을 평평하게 잘라내고, 꼭지 반대쪽에 열십(+) 자로 칼집을 낸다. 브로콜리는 한입 크기로 썬다.

3 작은 냄비에 토마토 꼭지 부분이 바닥에 닿도록 넣고 물(2큰술)을 더한다. 뚜껑을 덮고 가장 약한 불에서 10분간 토마토에서 즙이 나오면서 국물이 자작하게 생길 때까지 익힌다.

4 브로콜리를 넣고 뚜껑을 덮어 3분간 더 익힌다.

5 토마토의 껍질을 벗겨내고 모양을 살려 6등분한다. 그릇에 토마토, 브로콜리, ①의 견과류를 담는다. 레몬즙, 레몬제스트, 올리브유, 소금, 통후추 간 것을 뿌린다.

기호에 따라 올리고당이나 알룰로스 1작은술을 곁들여도 좋다.

아스파라거스 표고버섯구이 샐러드

봄의 기운이 듬뿍 담긴 아스파라거스는 아스파라긴산이 풍부해 피로회복에 참 좋지요.
특히 봉오리에 많은 루틴 성분은 혈관을 튼튼하게 하고 혈압을 낮춰 고혈압 예방에도 도움을 준답니다.
촉촉한 수란과 고소한 치즈가 드레싱 역할을 해 더욱 특별한 멋과 맛을 경험할 수 있습니다.

226 kcal
탄수화물 13%
지방 56%
단백질 31%

식이섬유 4.96g/20%
나트륨 123.9mg

1인분 / 25~30분

- 아스파라거스 6~10개(100g)
- 표고버섯 2개(50g)
- 닭가슴살 약 1/4쪽(30g)
- 올리브유 1작은술 + 1작은술
- 다진 파 1작은술
- 다진 마늘 1/3작은술
- 그라나파다노치즈 간 것 1큰술
- 소금 약간
- 후춧가루 약간
- 다진 이탈리안 파슬리 약간

수란

- 달걀 1개
- 소금 1/2작은술
- 식초 1작은술

새끼손가락 굵기의 아스파라거스는 껍질 그대로, 그보다 두꺼운 아스파라거스는 줄기 부분을 필러로 벗긴 후 요리에 사용하는 것이 좋다.

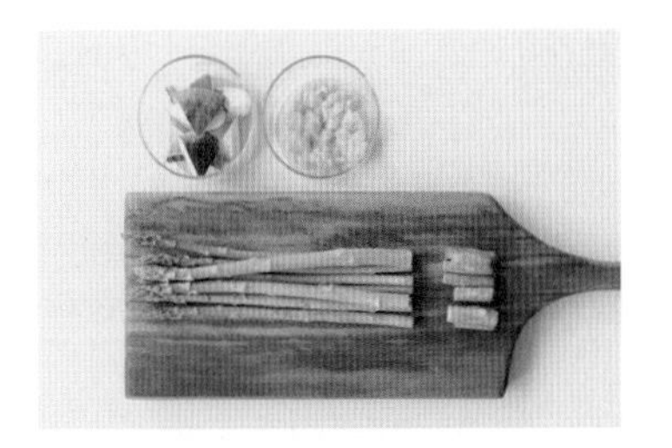

1 표고버섯은 밑동을 제거한 후 6등분하고, 아스파라거스는 질긴 밑동을 2cm 정도 잘라낸다. 닭가슴살은 곱게 다진다.

2 끓는 물(2컵) + 소금(1작은술)에 아스파라거스를 넣고 30초간 데친 후 찬물에 식힌다.

3 달군 팬에 올리브유(1작은술)를 두르고 표고버섯, 닭가슴살, 다진 파, 다진 마늘, 소금, 후춧가루를 넣고 중간 불에서 3~4분간 볶아 팬의 한쪽으로 밀어둔다.

4 빈 공간에 올리브유(1작은술)를 더 두르고 아스파라거스, 소금, 후춧가루를 넣어 센 불에서 30초간 볶은 후 그릇에 담는다.

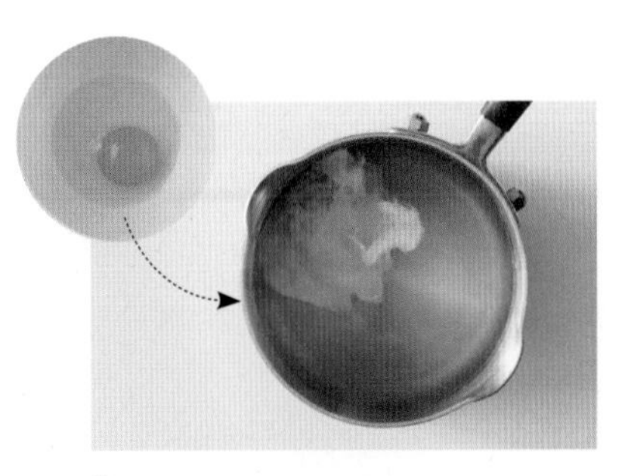

5 작은 볼에 달걀을 담는다. 냄비에 물(5컵)이 끓어오르면 소금, 식초를 넣는다. 약한 불로 줄여 물이 잔잔해지면 볼에 담아 둔 달걀을 살살 넣고 3분~3분 30초간 삶은 후 찬물에 담가 수란을 만든다.

6 ④의 그릇에 수란을 올린 후 그라나파다노치즈 간 것을 뿌린다. 다진 이탈리안 파슬리를 더한다.

템페 콜리플라워 샐러드

'템페(tempeh)'는 콩을 발효시켜 만든 인도네시아의 전통 음식입니다.
두부처럼 생겼지만 발효과정을 거쳤기 때문에 우리나라 청국장과 비슷하죠.
고소한 견과류와 구운 버섯의 풍미를 가지고 있어서 기름을 살짝 더해 굽거나 튀겨도 맛있답니다.

1인분 / 15~20분

- 템페 100g
- 콜리플라워 50g
- 컬러 콜리플라워 50g
  (또는 콜리플라워)
- 잡곡밥 100g(30쪽)
- 기버터 1/2큰술(38쪽)
- 오일드레싱 1큰술(35쪽)
- 소금 1꼬집
- 후춧가루 약간

토핑

- 그라나파다노치즈 1작은술
- 다진 호두 1작은술
- 올리브유 1/2작은술

요리 Tip

기호에 따라 버섯을 템페와
함께 구워 더하거나 석류를 마지막에
뿌려도 좋다. 템페는 파아프 제품을
주로 사용하는데 남은 것은 냉동했다가
실온에서 해동한 후 구이, 조림,
찌개, 튀김 등의 요리에 활용한다.

1 콜리플라워, 컬러 콜리플라워는
작은 송이로 썰고,
템페는 삼각형 모양으로 썬다.

2 끓는 물(2~3컵) + 소금(1작은술)에
콜리플라워, 컬러 콜리플라워를 넣고
센 불에서 30초간 데친다.
체에 밭쳐 물기를 뺀 후 그대로
냉동실에서 3분간 식힌 후 꺼낸다.
* 데친 후 바로 냉동실에서 식히면
사이사이에 남은 물기가 없어져
소스나 양념을 버무려도 흘러내리거나
맛이 묽어지지 않는다.

3 잡곡밥은 체에 밭친 후
생수에 2~3회 흔들어 씻은 다음
그대로 물기를 없앤다.

4 달군 팬에 기버터를 넣고 녹인 후
템페를 올린다. 약한 불에서 2~3분간
뒤집어가며 노릇하게 굽는다.

5 볼에 ③의 잡곡밥, 오일드레싱을
넣고 버무린 후 그릇에 담는다.
위에 ②, ④를 올린 다음
소금, 후춧가루를 뿌린다.

6 그라나파다노치즈 간 것을 올리고
다진 호두, 올리브유를 더한다.

퀴노아샐러드와 치즈타코

옥수수나 밀가루로 만든 타코쉘 대신 치즈로 만들고, 퀴노아샐러드를 채워 넣은
더 건강한 타코를 소개합니다. 퀴노아는 쌀에 비해 단백질 함량이 2배 정도 많고 섬유질이 풍부하며
당지수가 낮아서 혈당 조절에 특히 좋은 식재료이지요.

251 kcal
탄수화물 50%
지방 30%
단백질 20%
식이섬유 3.77g/15%
나트륨 473.6mg

2인분 / 30~35분

- 한김 식힌 퀴노아밥 120g(31쪽)
- 슈레드 치즈 1컵
  (100g, 모짜렐라, 체다, 고다 등)
- 오이 1/4개(50g)
- 파프리카 약 1/6개(30g)
- 방울토마토 5개(75g)
- 셀러리 1/2줄기(30g)
- 오일드레싱 1큰술(35쪽)
- 무가당 요거트 2큰술
- 큐민파우더 2꼬집(생략 가능)

1 오이, 파프리카, 방울토마토, 셀러리를
한입 크기로 썬다.

2 볼에 한김 식힌 퀴노아밥, ①,
오일드레싱을 넣고 버무려
퀴노아샐러드를 완성한다.

3 달군 팬에 슈레드 치즈 1/2분량을
둥글게 펼쳐 올린다.
아랫면이 녹아 노릇하게 될 때까지
약한 불에서 3~5분간 그대로 굽는다.

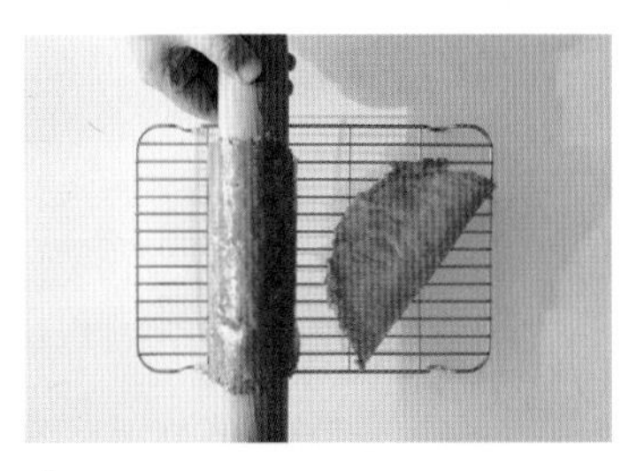

4 팬에서 꺼내 뜨거울 때 밀대에 올려
동그랗게 말고 그대로 식힌다.
타코쉘 모양이 잘 잡히면
밀대와 분리하고 식힘망에 얹어
완전히 식힌다.
과정 ③~④를 한 번 더 진행한다.

5 ④의 치즈 타코쉘에 ②의
퀴노아샐러드를 나눠 넣고
무가당 요거트, 큐민파우더를 뿌려
그릇에 담는다.

치즈 타코쉘은 모짜렐라나 체다,
고다 같은 연성(부드러운) 치즈류로
만드는 것이 좋다. 그라나파다노치즈나
파르미지아노 레지아노치즈와 같은
경성(단단한) 치즈류는
너무 바삭해져서 깨지기 쉽기 때문이다.

엔초비 갈릭오일 부라타치즈샐러드

엔초비의 감칠맛과 마늘 향이 잘 어우러지는 오일을 드레싱처럼 뿌려낸 샐러드예요.
브로콜리니는 아스파라거스 줄기 부분과 브로콜리 꽃송이 부분을 합쳐놓은 모양으로
열량 걱정 없이 영양분을 보충하고 싶을 때 매우 좋은 채소예요.

1인분 / 10~15분

- 브로콜리니 3줄기
  (또는 브로콜리, 70g)
- 부라타치즈 작은 것 1개(60g)
- 소금 약간
- 통후추 간 것 약간
- 엔초비 갈릭오일 2큰술(36쪽)

1 끓는 물(2와 1/2컵) + 소금(1작은술)에
브로콜리니를 넣고
센 불에서 30~40초간 데친다.
체에 밭쳐 물기를 뺀 후
냉동실에서 3분간 식힌 후 꺼낸다.
* 데친 후 바로 냉동실에서 식히면
사이사이에 남은 물기가 없어져
소스나 양념을 버무려도 흘러내리거나
맛이 묽어지지 않는다.

2 브로콜리니 줄기 부분은 어슷 썰고,
잎 부분의 송이는 작게 썬다.

3 그릇에 브로콜리니를 가장자리로
둘러 담는다. 부라타치즈를 올린 후
반을 가른다.

4 부라타치즈에 소금, 통후추 간 것을
뿌린 후 브로콜리니에
엔초비 갈릭오일을 끼얹는다.

연어 타르타르 샐러드

생고기나 생선회를 칼로 잘게 다져 갖은 양념에 버무린 요리인 '타르타르(tartare)'를 연어로 만들었어요.
아삭한 엔다이브에 조금씩 얹어 맛보면 됩니다. 엔다이브가 구하기 어렵다면 알배기배추를 활용하세요.
연어 타르타르는 먹기 직전까지 차갑게 보관하세요.

식이섬유 5.30g/21%

나트륨 880.1mg

1인분 / 15~20분

- 엔다이브 1개
  (또는 알배기배추, 80g)

연어 타르타르
- 다시마숙성 연어 100g
  (183쪽 참조)
- 오이 약 1/7개(30g)
- 셀러리 30g
- 양파 약 1/7개(30g)
- 파프리카 약 1/6개(30g)
- 그린올리브 5알(15g)
- 소이마요네즈 1큰술
  (36쪽, 또는 일반 마요네즈)
- 홀스레디쉬 1작은술
  (또는 와사비 1/3작은술)
- 토마토케첩 1작은술
- 홀그레인 머스터드 1작은술
- 후춧가루 약간

요리 Tip

홀스레디쉬는 매운맛이 나는 무.
고추냉이나 겨자와 같이 알싸한 매운맛이 나고 주로 갈아서 소스로 판매되고 있다.
생선, 굴 등의 해산물이나 고기에 잘 어울린다. 시판 와사비 제품 중에는 홀스레디쉬에 녹색 색소를 넣어 만든 것들도 있다.

1 다시마숙성 연어, 오이, 셀러리, 양파, 파프리카, 그린올리브는 잘게 썬다.

2 볼에 연어 타르타르 재료를 넣고 가볍게 버무려 냉장실에 넣어둔다.

3 엔다이브는 밑동을 제거한 후 잎을 1장씩 떼어낸다.
찬물에 담갔다가 건져 물기를 뺀다.

4 그릇 가운데에 연어 타르타르를 소복하게 담고 엔다이브를 곁들인다.

유자 잣소스 오징어새우냉채

신선한 해산물을 살짝 데쳐 은은한 향의 유자 잣소스에 버무린 이 요리는 손님 초대요리로도 손색이 없어요.
해산물 데치기가 번거롭다면 시판 수비드 닭가슴살을 활용해보세요. 간단하고 맛도 좋아요.

탄수화물 14%
지방 38%
단백질 48%
320 kcal

식이섬유 2.78g/11%
나트륨 531.2mg

1인분 / 25~30분

- 오징어 몸통 1마리(손질 후, 100g)
- 냉동새우 3마리
  (껍질째 얼린 대하, 90g)
- 셀러리 1/2대(50g)
- 수삼 2뿌리(또는 더덕, 무, 20g)
- 레몬 슬라이스 2조각
- 유자 잣소스 1큰술
  (34쪽, 또는 일반 마요네즈)

밑간

- 국간장 1/2작은술
- 참기름 1/2작은술
- 후춧가루 약간

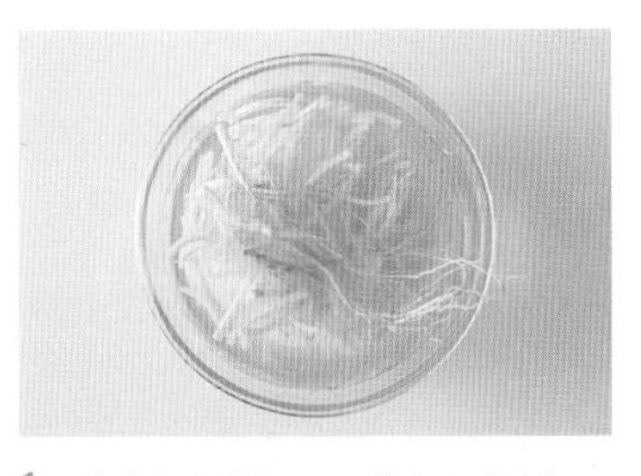

1 셀러리, 수삼은 4cm 길이로 가늘게 채 썰어 얼음물에 담가둔다.
* 수삼의 머리쪽 1cm 정도까지는 열이 많기 때문에 잘라내고 밑부분을 사용하는 것이 좋다.

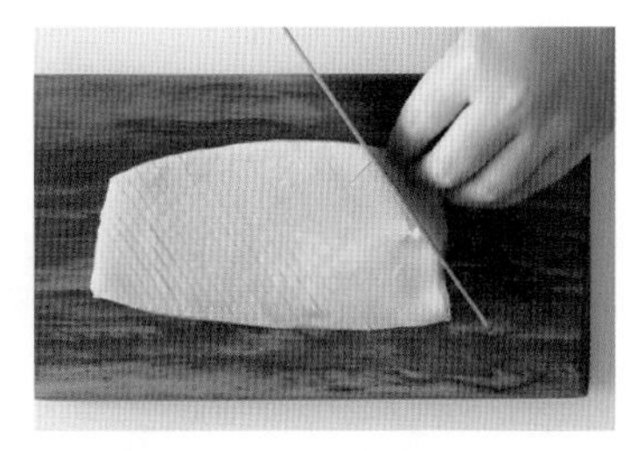

2 오징어 몸통은 안쪽에 열십(+) 자로 칼집을 낸 후 3×4cm 크기로 썬다.

3 끓는 물(2컵)에 레몬 슬라이스, 새우를 껍질째 넣어 1분 30초, 오징어를 추가해 10초간 더 데친 후 건져 찬물에 헹군다. 체에 밭쳐 물기를 없앤다.

4 새우는 머리와 꼬리, 껍질을 벗기고 2등분으로 슬라이스한 후 내장을 없앤다.

5 볼에 오징어, 새우, 밑간 재료를 넣고 버무린다.

6 셀러리, 수삼은 물기를 최대한 없앤 후 유자 잣소스와 버무린다. 그릇에 모든 재료를 담는다.

요리 Tip

- 새우는 껍질째 데쳐서 사용해야 자체의 감칠맛과 단맛을 더 살릴 수 있다.
- 해산물을 데칠 때 레몬이나 양파를 넣으면 비린내도 제거되고 맛도 풍부해진다.

땅콩간장소스 문어냉채

오이와 둥근 마, 문어는 단면의 모양과 크기가 비슷해서 삼합으로 먹기 좋아요. 절반쯤 먹다가 곤약면이나 콩담백면을 추가해 함께 비벼 먹으면 한끼 식사로 포만감까지 충분히 채울 수 있어요.

2인분 / 15~20분

- 자숙문어 다리 1개(50g)
- 오이 약 1/3개(60g)
- 참마 1/5개(50g)
- 땅콩간장소스 1큰술(35쪽)

1. 자숙문어 다리는 펴서 랩으로 감싸 냉동실에 넣어 2시간쯤 살짝 얼린다.
   ⋆ 곧게 펴서 얼린 후 썰면 더 예쁜 모양으로 썰 수 있다.
2. 위생장갑을 착용한 후 마의 껍질을 필러로 벗긴다.
   ⋆ 마를 맨손으로 만질 경우 간지러울 수 있으므로 위생장갑을 착용하는 것이 좋다.
3. 오이, 마, 문어를 0.2cm 두께로 썬 후 그릇에 담고 땅콩간장소스를 곁들인다.

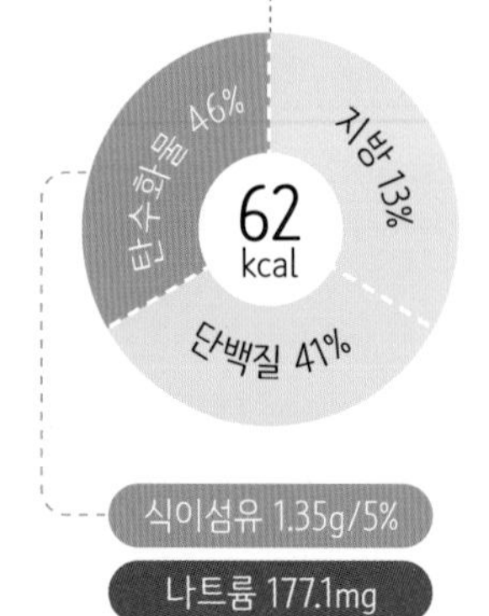

식이섬유 1.35g/5%

나트륨 177.1mg

1

3

요리 Tip

트러플치즈는 송로버섯의 풍미가 느껴지는 치즈로 슈레드 모짜렐라, 체다치즈, 고다치즈 등으로 대체해도 좋다. 또한 트러플 향을 더 진하게 내고 싶을 때는 트러플소스나 트러플오일을 곁들인다.

통밀크래커 치즈샌드 샐러드

신선한 샐러드채소에 고소한 치즈샌드, 부드러운 프로슈토, 여기에 올리브유와 굵게 간 통후추를 뿌려내면 별다른 드레싱 없이도 샐러드 한 그릇을 맛있게 비울 수 있죠. 바삭바삭한 식감이 좋습니다.

1인분 / 5~10분

- 통밀크래커 2조각 (핀크리스프 트래디셔널, 25g)
- 트러플치즈 30g
- 프로슈토 1장(10g)
- 샐러드채소 40g
- 방울토마토 4개(60g)
- 통후추 간 것 약간
- 올리브유 1작은술

1 트러플치즈는 0.3cm 두께로 썬 후 2장의 통밀크래커 사이에 펼쳐 넣는다.

2 전자레인지에 넣고 치즈가 녹을 때까지 10~15초 정도 돌린다.

3 프로슈토를 올린 후 샐러드채소, 방울토마토를 곁들인다. 통후추 간 것, 올리브유를 뿌린다.

식이섬유 5.57g/22%

나트륨 581.9mg

1

2

영양 Tip

그라나파다노 크림에 들어가는 아몬드밀크는 우유나 두유, 생크림으로 대체할 수 있다. 단, 당이 추가로 첨가되지 않은 무가당 제품을 선택하는 것이 좋다.

토마토 치즈크림 통밀크래커

이 간단하고 심플한 조합이 주는 감동이란! 맛의 군더더기를 빼면 재료의 맛이 돋보이는 요리가 완성됩니다. 얇게 썰어 바삭하게 구운 호밀빵이나 도톰한 통밀크래커를 활용해 식감을 즐겨보세요.

1인분 / 10~15분

- 통밀크래커 2조각 (핀크리스프 트래디셔널, 25g)
- 방울토마토 6~7개(100g)
- 오일드레싱 1/2큰술(35쪽)

그라나파다노 크림
- 아몬드밀크 1큰술(190쪽)
- 그라나파다노치즈 간 것 1큰술

1 통밀크래커는 한입 크기로 썰고, 방울토마토는 4등분한다.

2 방울토마토에 오일드레싱을 넣고 버무린다.

3 볼에 그라나파다노 크림 재료를 넣고 섞은 후 전자레인지에 30초 정도 데워 한번 더 섞는다.

4 크래커에 그라나파다노 크림을 바르고 ②를 올린다.

식이섬유 6.84g/27%

나트륨 181.8mg

2

4

양파처트니 버섯구이 오픈샌드위치

처트니는 과일이나 채소에 향신료를 넣어 만든 인도의 소스예요. 양파를 듬뿍 더한 양파처트니는 양파의 자연스러운 단맛이 돋보이지요. 빵에 달큼한 처트니, 고소하고 쫄깃한 버섯을 구워 얹어내면 정말 맛있는 오픈샌드위치가 됩니다.

1인분 / 15~20분

- 통밀식빵 2장(80g)
- 느타리버섯 1줌(50g)
- 새송이버섯 1/2개(50g)
- 표고버섯 2개(50g)
- 소이마요네즈 2작은술 (36쪽, 또는 일반 마요네즈)
- 양파처트니 2큰술(41쪽)
- 트러플치즈 10g
- 다진 피칸 약간 (또는 다른 견과류, 생략 가능)
- 올리브유 1작은술
- 소금 약간

1 느타리버섯, 새송이버섯, 표고버섯은 나박하게 한입 크기로 썬다.

2 달군 팬에 올리브유를 두르고 ①의 버섯, 소금을 넣고 중간 불에서 5분간 노릇하게 뒤집어가며 굽는다.

3 통밀식빵에 소이마요네즈, 양파처트니, ②의 버섯, 트러플치즈 순으로 나눠 올린다.

4 200°C에서 3~5분간 예열한 에어프라이어(또는 오븐)에 넣고 3분간 굽는다. 다진 피칸을 올린다.
* 에어프라이어는 3~5분, 오븐은 10분 정도 예열한다.

요리 Tip

트러플치즈는 송로버섯의 풍미가 느껴지는 치즈로 슈레드 모짜렐라, 체다치즈, 고다치즈 등으로 대체해도 좋다.
또한 트러플 향을 더 진하게 내고 싶을 때는 트러플소스나 트러플오일을 곁들인다.

1

3

구운 채소와 닭가슴살 오픈샌드위치

냉장고에 남은 채소들이 있다면 납작하게 썰어 그릴에 구운 후 한김 식혀 오일드레싱에 버무려보세요.
빵에 올리면 근사한 오픈샌드위치가 완성되고, 냉장고에 차게 보관했다가 다음날 반찬처럼 꺼내 먹어도 정말 맛있답니다.

1인분 / 15~20분

- 호밀빵 2조각(80g)
- 시판 페퍼닭가슴살 1/2쪽(50g)
- 애호박 1/6개(30g)
- 가지 1/5개(30g)
- 적양파 1/6개(또는 양파, 25g)
- 파프리카 약 1/6개(30g)
- 오일드레싱 2작은술(35쪽)
- 소이마요네즈 2작은술
  (36쪽, 또는 일반 마요네즈)

1 애호박, 가지는 동그란 모양을 살려
0.3cm 두께로 썰고,
적양파, 파프리카는 큼직하게 썬다.

2 달군 그릴 팬(또는 팬)에 ①의 채소를
올려 중간 불에서 뒤집어가며
그릴 자국이 나도록 2~3분간 구운 후
한김 식힌다.
* 자주 뒤집으면 그릴 자국이 여러 개
생기므로 최소한으로 뒤집는 것이 좋다.

3 볼에 ②의 구운 채소, 오일드레싱을
넣고 버무린다.

4 페퍼닭가슴살은 굵게 찢어 준비한다.

5 호밀빵에 소이마요네즈를 바르고
③의 채소, ④의 페퍼닭가슴살을
올린다.

요리 Tip

- 채소는 양배추, 아스파라거스,
  대파, 버섯 등으로 대체해도 좋다.
- 캐슈너트마요네즈(36쪽),
  마카다미아 바질페스토(39쪽)를
  곁들여도 좋다.

불고기 오픈샌드위치

얇게 썰어 양념에 재우지 않고 바로 구워 만드는 불고기용으로는 단백질이 풍부하고 지방이 적은 설도나 보섭살을 선호합니다. 만들기도 쉽고, 맛도 아주 좋지요. 단, 아주 얇은 고기를 써야 질기지 않습니다. 마지막에 토치로 불맛을 내면 향신채소 없이도 누린내가 잡히는데요, 그대로 반찬으로도 좋지만 빵에 올리면 오픈샌드위치가 완성되지요.

탄수화물 37%
지방 32%
단백질 31%
343 kcal
식이섬유 13.39g/54%
나트륨 1058.4mg

1인분 / 30~35분

- 통밀식빵 2장(80g)
- 쇠고기 불고기용 50g
  (최대한 얇게 썬 것)
- 불고기소스 1큰술(34쪽, 18g)
- 토마토 1/3개(중간 크기, 50g)
- 꽈리고추 1개(5g)
- 미니 로메인 2장(30g)
- 아보카도오일 1/2작은술
- 굵게 다진 마늘 2쪽 분량(10g)

양배추 양파절임

- 양배추 1장(손바닥 크기, 40g)
- 적양파 1/20개(또는 양파, 10g)
- 식초 1작은술
- 에리스리톨 스테비아 1/2작은술
  (또는 알룰로스)
- 소금 2꼬집

소스

- 소이마요네즈 2작은술
  (36쪽, 또는 일반 마요네즈)
- 홀그레인 머스터드 1/3작은술
- 올리고당 1/2작은술

1 양배추, 적양파는 0.2cm 두께로 가늘게 채 썬다. 볼에 양배추 양파절임 재료를 넣고 버무려 20분간 둔 후 물기를 꼭 짠다.

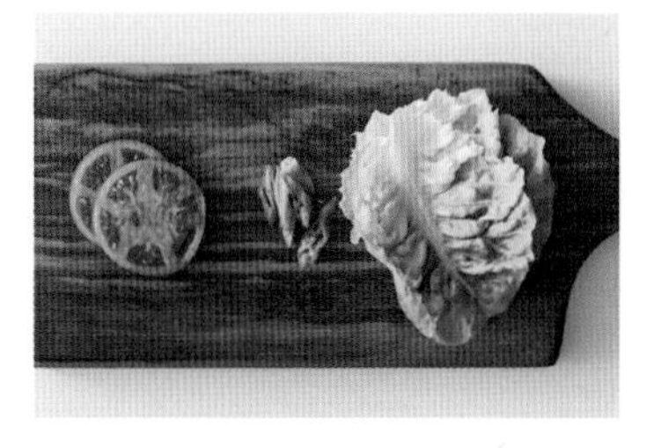

2 토마토는 동그란 모양을 살려 0.5cm 두께로 썰고, 꽈리고추는 어슷썬다. 미니 로메인은 잎을 떼어둔다.

3 달군 팬에 아보카도오일을 두르고 굵게 다진 마늘을 넣어 약한 불에서 30초간 볶는다. 쇠고기, 불고기소스를 넣고 물기가 없을 때까지 중간 불에서 1~2분간 볶는다.

4 꽈리고추를 넣고 토치를 이용해 전체적으로 직화로 굽는다.
* 토치가 없다면 생략해도 된다. 대신 과정 ③에서 다진 마늘과 함께 다진 파, 다진 생강 약간씩을 더해 고기의 누린내를 없애는 것이 좋다.

5 소스 재료를 섞은 후 2장의 통밀식빵에 나눠 바른다.

6 미니 로메인, 토마토, ①의 절임, ④의 불고기 순으로 나눠 올린다.

염도를 조금 더 낮추고 싶다면 불고기를 볶을 때 버섯을 더해도 좋다.

요리 Tip

불고기용 고기가 두꺼울 경우 불고기소스에 물 2큰술, 다진 양파 1작은술, 다진 대파 1작은술을 더한다. 또한 과정 ③에서 국물을 졸이듯이 충분히 볶아야 양념이 잘 배고 누린내가 나지 않는다.

스웨디시 샌드위치 케이크

빵과 연어, 오이, 삶은 달걀 등의 재료를 켜켜이 쌓아서 케이크 모양으로 만든 스웨덴식 샌드위치 케이크입니다.
큼직하게 만들어 나눠 먹어도 좋고, 작게 만들어 나만을 위한 예쁜 한 끼로 먹어도 훌륭하답니다.

2인분 / 30~35분

- 통밀식빵 4장(200g)
- 얇게 썬 다시마숙성 연어 80g (183쪽 참조)

딜 & 레몬 그릭요거트 크림

- 그릭요거트 1컵(100g)
- 생수 1큰술 (그릭요거트 농도에 따라 가감)
- 레몬즙 1/2개 분량
- 레몬제스트 1/2개 분량
- 다진 딜 2g (또는 쪽파나 영양부추)

오이 절임

- 오이 1/4개(50g)
- 소금 2꼬집

할라피뇨 에그 마요

- 굵게 다진 삶은 달걀 1개
- 소이마요네즈 1큰술 (36쪽, 또는 일반 마요네즈)
- 다진 할라피뇨 1/2작은술
- 다진 양파 1작은술

장식(생략 가능)

- 딜 약간
- 식용꽃 5송이
- 자스민 약간
- 쏘렐 약간

1 볼에 그릭요거트, 생수(1큰술), 레몬즙을 섞어 부드러운 크림 농도로 만든 후 레몬제스트, 다진 딜을 섞어 버터크림 정도 묽기의 딜 & 레몬 그릭요거트 크림을 만든다.

2 오이는 동그란 모양을 살려 0.2cm 두께로 얇게 썬다. 소금과 버무려 15분간 절인 후 물기를 꼭 짠다.

3 다른 볼에 할라피뇨 에그 마요 재료를 넣고 섞는다.

4 통밀식빵의 가장자리를 잘라낸다. 3장의 식빵에 각각 다시마숙성 연어, ②, ③의 재료를 올린다.
* 빵과 재료 사이에 공간이 많으면 과정 ⑥에서 크림이 많이 필요하게 되므로 재료를 최대한 빵사이즈에 맞춰 평평하게 채워 올리는 것이 좋다.

5 4장의 식빵을 사진과 같이 쌓는다.

6 딜 & 레몬 그릭요거트 크림을 식빵의 겉면에 자연스럽게 펴 바른 후 장식 재료로 장식한다.

아보카도
저탄수버거

탄수화물 덩어리인 빵 대신 아보카도를 사용해 버거를 만들었습니다. 아보카도는 꼭 완전히 익은 것을 사용하되, 껍질을 벗기면 과육의 색이 쉽게 변하니 바로 먹는 것이 아니라면 레몬즙이나 라임즙을 발라 갈변되지 않게 하면 좋아요.

1인분 / 15~20분

- 아보카도 1개(200g)
- 토마토 1/3개 (중간 크기, 50g)
- 게맛살 3개(54g)
- 다진 양파 1작은술
- 소이마요네즈 1큰술 (36쪽, 또는 일반 마요네즈)
- 와일드루꼴라 10g (또는 샐러드채소)

1. 아보카도는 반으로 갈라 씨를 빼내고 껍질을 손으로 벗겨낸다. 아보카도의 밑면을 조금 잘라내 잘 세워지도록 한다.
2. 토마토는 동그란 모양을 살려 0.3cm 두께로 썬다.
3. 게맛살은 가늘게 찢은 후 다진 양파, 소이마요네즈와 버무린다
4. 아보카도에 ③을 채우고 토마토, 와일드루꼴라를 올린 후 다시 아보카도로 덮는다.
5. 이쑤시개로 꽂아 고정시킨다.
   * 이쑤시개는 먹기 전에 꼭 제거한다.

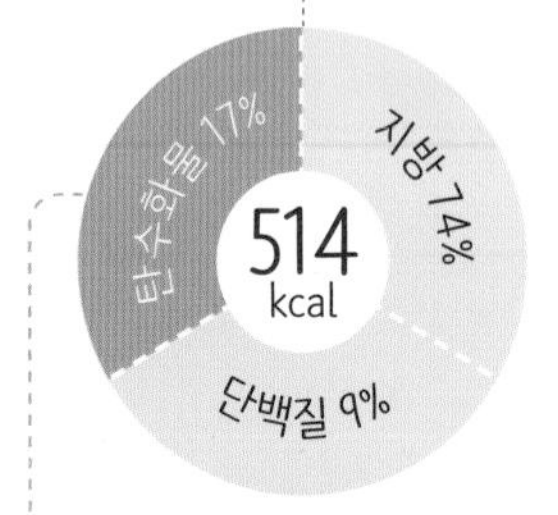

식이섬유 11.13g/45%

나트륨 497.6mg

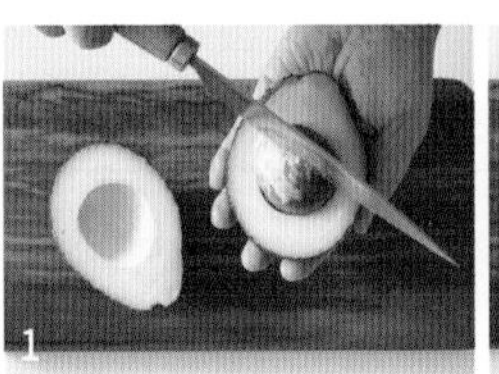
1

2

에그과카몰리 새우 오픈토스트

'과카몰리(guacamole)'는 으깬 아보카도에 토마토와 양파, 레몬즙 등을 섞어 만든 멕시코 소스예요. 튀긴 또띠야나 빵에 곁들이는 요리인데, 저탄수로 먹을 때는 빵 대신 양상추나 배추에 얹어 먹기도 하고 또띠야칩 대신 포두부나초(167쪽)를 곁들이기도 해요.

1인분 / 10~15분

- 호밀빵 2조각(80g)
- 냉동새우 4마리(중하, 80g)
- 카레가루 1/3작은술
- 훈제파프리카파우더 1/2작은술 (또는 고운 고춧가루)
- 올리브유 1작은술
- 에그과카몰리 40g(40쪽)
- 이탈리안 파슬리 약간(생략 가능)

1. 새우는 찬물에 10분간 담가 해동시킨 후 키친타월로 감싸 물기를 없앤다. 등쪽에 칼집을 넣어 내장을 제거한다.
2. 볼에 새우, 카레가루, 훈제파프리카파우더를 넣고 버무린다.
3. 달군 팬에 올리브유를 두르고 ②를 넣어 중간 불에서 뒤집어가며 2~3분간 완전히 굽는다.
4. 호밀빵에 에그과카몰리, ③의 구운 새우, 이탈리안 파슬리를 올린다.

식이섬유 6.96g/28%

나트륨 677mg

1

2

두부 카프레제 오픈토스트

식빵 대신 노릇하게 구운 두부를 사용한 오픈토스트입니다.
따로 두부에 밑간을 하지 않아도 마카다미아 바질페스토와 치즈 덕분에 충분히 맛있게 먹을 수 있지요.
샐러드채소와 함께 먹으면 더 좋습니다.

306 kcal
탄수화물 8%
지방 69%
단백질 23%

식이섬유 5.45g/22%
나트륨 222.1mg

1인분 / 15~20분

- 두부 1/2모(150g)
- 방울토마토 6개(90g)
- 어린이 슬라이스 치즈 1장
  (또는 저염 슬라이스 치즈,18g)
- 마카다미아 바질페스토 1큰술(39쪽)
- 아보카도오일 1작은술
- 후춧가루 약간

1 방울토마토는 0.2cm 두께로 동그란 모양을 살려 썬다.

2 그릇에 두부를 담고 전자레인지에 2분 정도 돌린 후 반으로 포 뜬다. 키친타월로 두부를 가볍게 눌러 물기를 없앤다.

3 달군 팬에 아보카도오일을 두르고 두부를 넣어 중간 불에서 2~3분, 뒤집어서 2~3분간 노릇하게 구운 후 후춧가루를 뿌린다.

4 그릇에 두부를 담고 따뜻할 때 슬라이스 치즈를 올린 후 마카다미아 바질페스토를 펴 바른다.
* 마카다미아 바질페스토는 뜨거운 열이 닿으면 색이 변하므로 뜨거운 두부가 아닌 치즈 위에 올리는 것이 좋다.

5 방울토마토를 가지런히 올린다.

캐슈너트마요네즈 포두부랩

쫄깃한 포두부에 고소한 캐슈너트마요네즈를 바르고 닭가슴살, 파프리카, 샐러드채소 등 다양한 속재료를 넣어 감싼 포두부랩. 속에 들어가는 재료는 좋아하는 것으로 대체해도 됩니다.
두부를 압착해서 만든 포두부는 일반 두부보다 더 풍부한 영양을 가졌고, 냉동실에 보관했다가 해동해서 사용해도 맛과 식감에 큰 차이가 없는 편이므로 구비해두고 두루두루 활용하도록 하세요.

1인분 / 15~20분

- 건조 포두부 1장(32g)
- 시판 수비드 닭가슴살 1/2쪽(50g)
- 게맛살 2개(36g)
- 파프리카 1/4개(40g)
- 미니 단호박 1/3개(70g)
- 샐러드채소 40g
- 캐슈너트마요네즈 1큰술 (36쪽, 또는 일반 마요네즈)
- 홀그레인 머스터드 1/2작은술

1 캐슈너트마요네즈, 홀그레인 머스터드를 섞는다.

2 닭가슴살, 게맛살, 파프리카는 비슷한 크기로 길게 썬다.

3 단호박은 가운데 씨를 제거한 후 1cm 두께로 썬다. 내열용기에 넣고 전자레인지에서 5~7분간 돌려 익힌다.

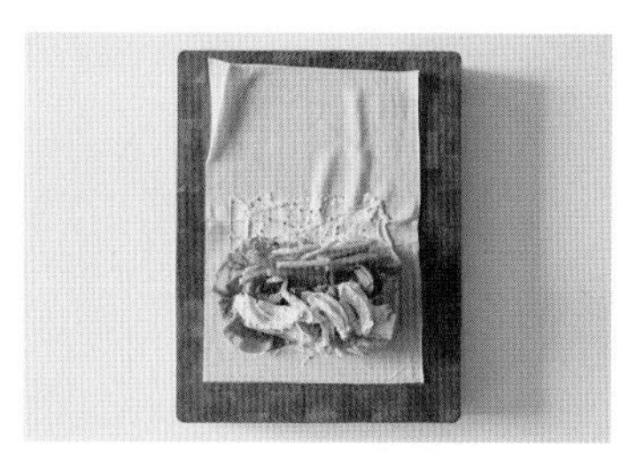

4 포두부에 ①의 소스를 펴 바른 후 샐러드채소, 닭가슴살, 게맛살, 파프리카, 단호박을 올린다.

5 재료가 빠져나오지 않도록 양끝을 안쪽으로 여며 돌돌 만 다음 2등분한다.

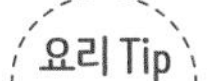

포두부는 물에 담겨 있는 형태와 건조되어 있는 형태, 두 종류가 있다. 본 요리에는 식감이 쫄깃하고 탄탄하게 말아도 찢어지지 않는 건조 포두부를 추천한다.

Chapter 3

Rice & Noodle

밥 & 면

한국인은 밥심이라고 하죠. 하지만 식탁에 자주 올라오는 흰쌀밥, 흰밀가루면은
식이섬유가 적고 당질이 대부분이라서 혈당을 쉽게 올립니다.
그래서 식이섬유가 풍부한 현미, 보리, 귀리, 카무트 등의 잡곡밥을 먹거나,
두부면, 곤약면, 콩담백면을 활용해 식사를 하는 것이 혈당 관리에 좋지요.
한 그릇으로 즐기기 좋은 다양한 밥과 면 요리를 소개합니다.

알아두면 좋은 저탄수 밥 & 면 특징

흰쌀밥이 아닌 다양한 잡곡밥을 즐겨보세요. 단, 잡곡밥의 경우 잡곡만 많이 넣고
밥을 지으면 소화가 어려울 수 있으니 처음에는 흰쌀밥에 잡곡을 조금만 섞고,
점차 잡곡의 비율을 늘려 몸이 적응하는 시간을 가질 수 있도록 하세요.
* 가장 기본이 되는 다양한 저탄수 밥 30쪽

밀가루면이 아닌 다양한 건강면을 활용하세요.

두부면 두부를 압착한 후 칼로 썬 제품.
다양한 굵기가 있어서 요리에 따라 선택해 활용하기도 좋아요.

곤약면 곤약으로 만든 면.
특유의 냄새가 있으므로 흐르는 물에 한번 헹궈서 사용하세요.

콩담백면 두부로 만든 반죽을 둥근 틀에 넣고 냉면 뽑듯이 압출, 성형해서 만들어요.
곤약면과 식감이나 물성이 비슷하고 두부면이나 해초면으로 대체해도 됩니다.

참치쌈장과 양배추나물밥

위장 건강에 좋고 포만감이 큰 양배추에 나물 비빔밥을 넣어 돌돌 말아보세요.
한입에 먹기 좋고, 한눈에 식사량도 파악할 수 있어 편하지요. 밥에 들어가는 참나물은 계절에 따라
미나리, 방풍나물, 취나물, 유채, 깻잎순, 부추 등 다양한 재료로 대체 가능합니다.

1인분 / 30~35분

- 따뜻한 현미밥 약 1/2공기 (120g, 31쪽)
- 양배추 약 3장 (손바닥 크기, 100g)
- 참나물 1줌(20g)
- 소금 2꼬집
- 통깨 1작은술
- 들기름 1/2작은술

참치쌈장

- 통조림 참치 1캔(작은 것, 100g)
- 참기름 1/2작은술
- 된장 1작은술
- 고추장 1작은술
- 물 1/2컵(100㎖)
- 송송 썬 청양고추 1개
- 다진 양파 2큰술
- 다진 파 1큰술
- 다진 마늘 1작은술
- 다진 생강 1/3작은술
- 후춧가루 약간

1 참치는 체에 밭친 후 뜨거운 물을 부어 기름기를 없앤 후 숟가락으로 꾹 눌러 물기를 없앤다.

2 달군 냄비에 참기름을 두르고 된장, 고추장을 넣어 약한 불에서 1분, 나머지 참치쌈장 재료를 모두 넣고 3~5분간 끓인다.

3 끓는 물(2와 1/2컵) + 소금(1작은술)에 참나물을 넣고 15초 정도 데친다. 흐르는 물에 헹군 후 물기를 꼭 짜고 작게 썬다.

4 볼에 현미밥, 참나물, 소금, 통깨, 들기름을 넣고 섞는다.

5 내열용기에 양배추, 물(1큰술)을 넣고 뚜껑을 덮어 전자레인지에서 3분, 뒤집어서 3분 정도 푹 익힌다.
* 김이 오른 찜기에 넣고 8~10분 정도 익혀도 좋다.

6 김발에 양배추를 김처럼 펼쳐 깔고 ④의 밥을 넣어 펼친 후 돌돌 만다. 한입 크기로 썬 후 ②의 참치쌈장을 곁들인다.

참치소이마요 묵은지채소롤

저탄수로 식단을 꾸리기 시작하면서부터는 식단에 김치를 줄이고 있습니다. 김치를 먹으면 자극적인 매운맛에 밥이 당기기 때문인데요, 그래도 가끔 개운한 김치가 먹고 싶을 때는 물에 담가 염분을 최대한 낮추고 여러 가지 채소를 잔뜩 더해서 먹곤 해요. 묵은지채소롤 역시 익숙한 묵은지의 맛에 두유로 만든 소이마요네즈를 더해 더 건강하고 훌륭한 맛이지요.

* 나트륨 수치는 일반 김치를 기준으로 분석한 것이다. 염도를 낮추기 위해 묵은지를 물에 씻고, 담가두는 과정을 포함했다.

1인분 / 25~30분(+ 묵은지 짠맛 없애기 30분)

- 따뜻한 현미밥 1/2공기 (120g, 31쪽)
- 통조림 참치 1/2캔(60g)
- 묵은지 3줄기 (또는 잘 익은 김치, 120g)
- 오이 약 1/6개(30g)
- 적양배추 1장(손바닥 크기, 30g)
- 당근라페 30g(82쪽)
- 달걀 1개
- 들기름 1/2작은술 + 1/2작은술
- 소이마요네즈 1큰술 (36쪽, 또는 일반 마요네즈)
- 소금 1꼬집
- 후춧가루 약간
- 아보카도오일 약간

1 묵은지는 흐르는 물에 씻은 후 찬물에 30분간 담가 짠맛을 없앤다. 물기를 꼭 짠 후 들기름(1/2작은술)과 버무린다.

2 오이, 적양배추는 곱게 채 썰고, 당근라페는 물기를 꼭 짠다. 작은 볼에 달걀, 소금을 넣고 풀어준다.

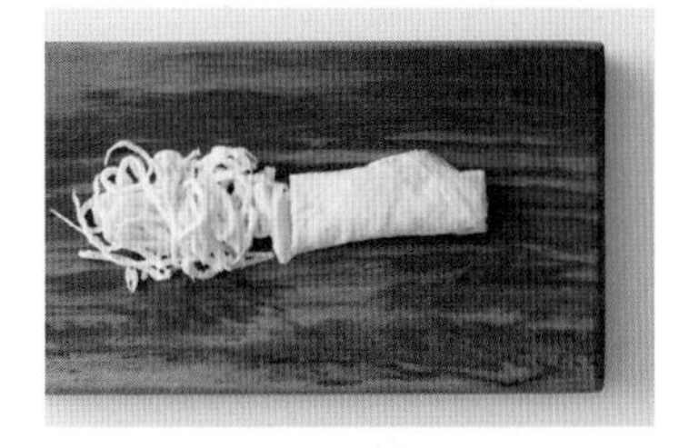

3 달군 팬에 아보카도오일을 두르고 키친타월로 닦듯이 펴바른 후 ②의 달걀을 펼쳐 부어 약한 불에서 30초~1분간 익혀 지단을 만든다. 한김 식힌 후 곱게 채 썬다.

4 참치는 체에 밭친 후 뜨거운 물을 부어 기름기를 없앤다. 숟가락으로 꾹 눌러 물기를 없앤 후 소이마요네즈, 후춧가루와 버무린다.

5 현미밥에 들기름(1/2작은술)을 넣고 섞는다.

6 김발에 묵은지를 김처럼 펼쳐 깔고 현미밥, 참치, 오이, 적양배추, 당근라페, 달걀 순으로 올려 돌돌 만 후 한입 크기로 썬다.
* 묵은지의 줄기 부분에 속재료를 얹고 잎쪽으로 말아야 잘 풀리지 않고 단단하게 말 수 있다.

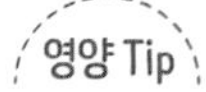

영양 Tip

묵은지의 염도가 높을수록 물에 담가두는 시간을 늘려 짠맛을 없애는 것이 좋다. 이때, 중간중간 물을 갈아준다.

세 가지 토핑 두부유부초밥

저희 가족들은 반찬초밥이라고도 부르는 메뉴예요. 두부유부초밥을 만든 후 멸치볶음, 나물무침, 참치김치볶음, 불고기, 달걀볶음 등 냉장고 속 반찬 무엇이든 올려서 만들곤 하거든요.
여러 가지 토핑 재료 중 혈당을 천천히 올리면서도 가장 맛있게 먹었던 세 가지를 소개할게요.

탄수화물 45% / 지방 37% / 단백질 18%
637 kcal

식이섬유 6.84g/27%

나트륨 1269.4mg 이하

* 나트륨 수치는 시판 조림 유부를 기준으로 분석한 것이다. 염도를 낮추기 위해 유부를 끓는 물에 데치는 과정을 포함했다.

기본 두부유부초밥 **1인분(6개 분량) / 10~15분**

- 두부 1/2모(150g)
- 따뜻한 현미밥 약 1공기 (240g, 31쪽)
- 식초 2작은술
- 에리스리톨 스테비아 1작은술 (또는 알룰로스)
- 소금 1/2작은술
- 들기름 1/2작은술
- 풀무원 큰네모사각유부 6장 (조림유부, 148g)

1 그릇에 두부를 담아 전자레인지에 5분 정도 돌려 속까지 따뜻하게 만든다. 볼에 두부를 넣고 으깬 후 뜨거울 때 현미밥, 식초, 에리스리톨 스테비아, 소금, 들기름을 넣고 버무려 한김 식힌다.

2 끓는 물에 조림유부를 넣고 5분간 둔 후 체에 밭쳐 물기를 꼭 짠다. 유부에 ①의 밥을 나눠 담은 후 원하는 토핑(123~124쪽)을 올린다.

토핑 1 오이 새우나물 **유부초밥 2개 분량 / 10~15분(+ 오이 절이기 15분)**

- 오이 1/5개(또는 애호박, 40g)
- 다진 새우살 20g (냉동 중하, 1마리)
- 다진 마늘 1/3작은술
- 아보카도오일 1작은술
- 후춧가루 약간
- 참기름 1작은술
- 통깨 1/3작은술

1 오이는 동그란 모양을 살려 0.2cm 두께로 얇게 썬다. 물(1/4컵) + 소금(1/3작은술)에 담가 15분간 절인 후 물기를 꼭 짠다.

2 달군 팬에 아보카도오일을 두르고 다진 새우살, 다진 마늘, 후춧가루를 넣고 약한 불에서 1분간 볶는다.

3 오이를 넣어 중간 불에서 20~30초간 볶아 그릇에 펼쳐 한김 식힌 후 참기름, 통깨를 더해 섞는다.
* 오이는 빠르게 볶아야 식감을 살릴 수 있다.

4 두부유부초밥 2개에 토핑을 나눠 올린다.

토핑 2 캐슈마요 참치 **유부초밥 2개 분량 / 15~20분**

- 통조림 참치 1/2캔(작은 것, 50g)
- 다진 양파 1큰술
- 와사비 1/3작은술(생략 가능)
- 캐슈너트마요네즈 1큰술 (36쪽, 또는 일반 마요네즈)
- 후춧가루 약간

1 참치는 체에 밭친 후 뜨거운 물을 부어 기름기를 없앤다. 숟가락으로 꾹 눌러 물기를 없앤다.

2 볼에 참치, 다진 양파, 와사비, 캐슈너트마요네즈, 후춧가루를 넣어 버무린다. 두부유부초밥 2개에 토핑을 나눠 올린다.

토핑 3 버섯 불고기 **유부초밥 2개 분량 / 15~20분**

- 다진 쇠고기 50g
- 표고버섯 1개(25g)
- 꽈리고추 1개(5g)
- 불고기소스 1큰술(34쪽)
- 아보카도오일 1/2작은술
- 후춧가루 약간

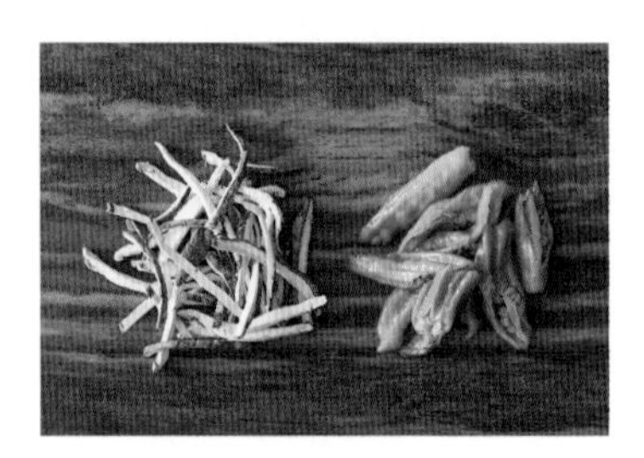

1 표고버섯은 밑동을 제거하고 채 썬다. 꽈리고추는 어슷 썬다.

2 볼에 다진 쇠고기, 표고버섯, 불고기소스를 넣고 버무린다.

3 달군 팬에 아보카도오일을 두르고 ②를 넣어 약한 불에서 3분간 볶는다.

4 꽈리고추, 후춧가루를 넣어 가볍게 섞은 후 불을 끈다. 두부유부초밥 2개에 토핑을 나눠 올린다.

식이섬유 2.65g/11%

나트륨 75.2mg

잔멸치 아몬드볶음 감태주먹밥

어릴 때부터 익숙하게 먹던 밑반찬인 잔멸치볶음. 현미밥 안에 고소한 잔멸치 아몬드볶음을 가득 채워서 쌉싸름한 감태로 감싸 먹는 조합이 정말 훌륭한 메뉴랍니다.

1인분(3개 분량) / 20~25분

- 따뜻한 현미밥 약 1/2공기 (120g, 31쪽)
- 들기름 1/2작은술
- 구운 감태 1장
- 잔멸치 약 2컵(100g)
- 아몬드 슬라이스 6큰술(30g)
- 아보카도오일 2큰술

조림 간장

- 에리스리톨 스테비아 1큰술 (또는 알룰로스)
- 물 2큰술(30mℓ)
- 알룰로스 1큰술
- 다진 파 1큰술
- 다진 마늘 1/2작은술
- 다진 생강 1/3작은술
- 진간장 1/2작은술
- 올리고당 1작은술

1. 달군 팬에 잔멸치를 넣고 중간 불에서 2분간 볶은 후 체에 밭쳐 가루를 털어낸다.
2. 다시 팬을 달군 후 아보카도오일을 두르고 잔멸치를 넣어 약한 불에서 3분, 아몬드를 넣고 2분간 볶아 덜어둔다.
3. 팬을 닦은 후 조림 간장 재료를 모두 넣고 약한 불에서 3~5분간 주걱으로 바닥을 긁어 부드럽게 긁힐 때까지 끓인 후 ②를 넣고 30초~1분간 섞는다.
4. 볼에 현미밥, 들기름을 넣고 섞은 후 3등분한다. 속에 ③을 1작은술씩 넣고 동그란 모양으로 만든다.
5. 그릇에 구운 감태를 잘게 찢어 담고, ④를 넣고 굴려 겉면에 고루 묻힌다.

3

4

영양 Tip

칼륨이 풍부한 감태는 몸 속 나트륨을 배출시켜 혈압과 콜레스테롤을 낮춰준다.

요리 Tip

남은 잔멸치 아몬드볶음은 냉장 1주일 저장 가능하고, 밑반찬으로 활용한다.

연두부 마파덮밥

고기의 감칠맛과 고소함, 두부의 포만감이 더해진 중국식 마파덮밥으로 지루한 식단에 포인트를 주는 건 어떨까요? 마파두부는 단단한 두부로도, 연두부로도 만들 수 있는데요, 단단한 두부를 사용하면 모양이 잘 유지되어 만들기 편하고, 연두부를 사용하면 푸딩처럼 부드러운 식감을 느낄 수 있습니다. 취향껏 만들어보세요.

497 kcal

탄수화물 51%

지방 32%

단백질 17%

식이섬유 5.71g/23%

나트륨 669.8mg

2인분 / 20~25분

- 곤약현미밥 2공기(380g, 31쪽)
- 연두부 2모(또는 다른 두부, 220g)
- 다진 돼지고기 100g
- 다진 파 2큰술
- 다진 마늘 1큰술
- 다진 생강 1/3작은술
- 고춧가루 1큰술
- 후춧가루 약간
- 아보카도오일 1큰술

양념

- 에리스리톨 스테비아 1/2큰술 (또는 알룰로스)
- 굴소스 1큰술
- 두반장 1작은술
- 진간장 1작은술
- 물 1/2컵(100㎖)

1 연두부는 모양이 으스러지지 않도록 준비한 후 3×3cm 크기로 썬다. 볼에 양념 재료를 섞는다.

2 깊은 팬을 달군 후 아보카도오일을 두른다. 다진 돼지고기를 넣고 센 불에서 3분간 풀어가며 볶는다.

3 다진 파, 다진 마늘, 다진 생강, 고춧가루, 후춧가루를 넣고 약한 불에서 1~2분 볶아 향을 충분히 낸다.

4 ①의 연두부를 팬의 가운데에 넣는다. 섞어둔 양념을 팬의 가장자리로 붓는다.

5 연두부가 부서지지 않도록 주의하면서 2~3분 정도 중간 불에서 졸이듯이 끓인다.

6 그릇에 곤약현미밥을 담고 ⑤의 마파두부를 더한다.

검정보리밥과 쇠고기 가지구이 국밥

검정보리는 일반 보리보다 안토시아닌이 4배나 많아서 혈관을 튼튼하게 하고 고혈압, 심근경색, 동맥경화와 같은 심혈관계 질환 개선에 도움을 줘요. 당지수(GI) 역시 50으로 낮은 편이기 때문에 당뇨식으로 특히 추천하지요. 매끈하고 통통한 검정보리쌀로 지은 밥을 꼭꼭 씹어 먹다 보면 식사의 속도도 자연스럽게 조절, 혈당 관리에 도움이 된답니다.

탄수화물 58%
지방 24%
단백질 18%
323 kcal

식이섬유 5.63g/23%

나트륨 529.4mg

2인분 / 35~40분

- 검정보리밥 약 1공기
  (또는 잡곡밥, 240g, 30쪽)

멸치장국

- 국물용 멸치 15마리(15g)
- 물 3컵(600㎖)
- 다시마 5×5cm
- 대파(푸른 부분) 1대
- 국간장 1작은술

쇠고기 가지구이

- 다진 쇠고기 50g
- 가지 2/3개(100g)
- 양파 약 1/3개(70g)
- 꽈리고추 2개(10g)
- 들기름 1큰술
- 소금 3꼬집
- 물 1큰술
- 국간장 1/2작은술
- 다진 마늘 1/3작은술
- 다진 파 1큰술
- 홀그레인 머스터드 1작은술

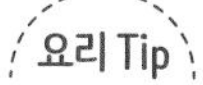

요리 Tip

과정 ③에서 오븐 대신 팬에 볶아도 좋다. 달군 팬에 넣고 중간 불에서 3~5분간 볶으면 완성.

1 국물용 멸치는 머리, 내장을 떼어낸 후 접시에 펼쳐 담고 전자레인지에서 30초씩 3회 돌려 비린내를 없앤다.
오븐은 220°C로 예열한다.

2 냄비에 멸치장국의 물(3컵), 다시마를 넣어 약한 불에서 3분간 끓인다.
다시마를 건져내고 멸치, 대파를 넣어 약한 불에서 15분간 끓인 후 건더기를 다 건져낸다.
국간장을 더해 멸치장국을 완성한다.

3 가지, 양파는 한입 크기로 썰고, 꽈리고추는 3~4등분한다. 들기름, 소금과 버무려 오븐 팬에 펼쳐 담는다.
220°C로 예열된 오븐에서 10분간 구워 한김 식힌다.

4 달군 팬에 다진 쇠고기, 물(1큰술), 국간장, 다진 마늘, 다진 파를 넣고 중간 불에서 1~2분간 물기가 없도록 볶는다.

5 큰 볼에 ③, ④, 홀그레인 머스터드를 넣고 버무린다.

6 그릇에 검정보리밥을 담고 ⑤를 올린 후 ②의 멸치장국(1컵)을 살살 붓는다.
* 다진 쪽파, 통깨 등을 더해도 좋다.

콜리플라워라이스 해물 볶음밥

볶음밥이 생각날 때면 쌀밥 대신 냉동 콜리플라워라이스를 활용합니다.
콜리플라워를 밥알 크기로 잘게 다져 냉동해둔 제품이라서 밥알과 모양이 비슷하고, 맛과 향이 강하지 않은 채소이기 때문에 밥 대용으로 사용하면 맛, 영양 모두 훌륭하거든요.

탄수화물 17%
지방 62%
단백질 21%
284 kcal

식이섬유 8.50g/34%
나트륨 416.6mg

2인분 / 25~30분

- 냉동 콜리플라워라이스 1팩(340g)
- 달걀 1개
- 양파 1/5개(40g)
- 당근 1/10개(20g)
- 셀러리 1/4대(20g)
- 오징어 약 1/4마리(50g)
- 새우살 30g
  (냉동 대하, 1마리)
- 다진 파 1큰술
- 다진 마늘 1작은술
- 아보카도오일
  1큰술 + 1큰술 + 1큰술
- 피쉬소스 1작은술(또는 다른 액젓)
- 굴소스 1작은술
- 후춧가루 약간
- 볶은 땅콩 약간(생략 가능)
- 고수잎 1줄기(생략 가능)

냉동 콜리플라워라이스는
콜리플라워로 대체해도 좋다.
콜리플라워를 푸드프로세서나
치즈그레이터로 굵게 갈아서 더한다.

1 양파, 당근, 셀러리, 오징어, 새우살은 굵게 다진다.

2 달군 팬에 아보카도오일(1큰술)을 두르고 다진 파, 다진 마늘을 넣어 약한 불에서 1분, 냉동 콜리플라워라이스를 넣어 고슬고슬해지도록 5분간 볶아 덜어둔다.

3 다시 팬을 달군 후 아보카도오일(1큰술)을 두르고 양파, 당근, 셀러리를 넣고 센 불에서 1분간 볶는다. 오징어, 새우살, 피쉬소스, 굴소스, 후춧가루를 더해 1분간 볶는다.

4 ②를 넣고 센 불에서 30초간 볶은 후 덜어둔다.

5 달군 팬에 아보카도오일(1큰술)을 두르고 달걀을 넣어 센 불에서 기름을 끼얹어가며 1분간 익힌다.

6 그릇에 ④, ⑤를 담고 볶은 땅콩, 고수잎을 곁들인다.

카무트 톳조림밥

생 톳에 비해 양념을 더 잘 흡수하는 건조 톳. 건조 톳을 불려 곤약과 채소를 아낌없이 넣고 톳조림으로 만들어 두면 김밥 속재료나 국수 고명으로도 활용하기 좋고, 밥 위에 얹어 먹어도 맛있어요. 저는 끈적하고 미끄러운 식감에 거부감이 없는 편이라 톳조림에 낫또와 마 간 것을 더해서 후루룩 먹는 걸 좋아하는데 그게 또 별미지요.

탄수화물 65%
지방 20%
단백질 15%
268 kcal

식이섬유 4.47g/18%

나트륨 781.7mg

2인분 / 30~35분

- 따뜻한 카무트밥 2공기
  (또는 잡곡밥, 240g, 31쪽)
- 들기름 1작은술

톳조림
- 건조 톳 2작은술(5g)
- 다진 쇠고기 50g
- 당근 1/10개(20g)
- 곤약 70g(또는 실곤약)
- 다진 파 1큰술
- 다진 마늘 1작은술
- 맛간장 3큰술(33쪽)
- 물 1큰술
- 진간장 1작은술
- 후춧가루 약간
- 아보카도오일 1작은술

1 당근은 4cm 길이로 채 썰고, 곤약도 비슷한 크기로 채 썬다. 건조 톳은 물에 담가 15분간 불린 다음 물기를 없앤다.

2 달군 팬에 아보카도오일을 두르고 다진 쇠고기, 다진 파, 다진 마늘을 넣어 약한 불에서 1분간 볶는다.

3 톳, 당근, 곤약, 맛간장, 물(1큰술), 진간장, 후춧가루를 넣고 국물이 2큰술 정도 남을 때까지 중간 불에서 5분간 졸이듯이 저어가며 끓여 톳조림을 만든다.

4 카무트밥에 ③을 넣고 섞은 후 들기름을 뿌린다.

요리 Tip

톳조림은 넉넉하게 만들어 한번 먹을 분량씩 냉동, 2주간 보관 가능하다. 김밥 속재료나 국수 고명, 반찬으로 활용 가능하다.

현미밥 연어 오차즈케

통깨, 검은깨를 가득 묻혀 노릇하게 구워낸 연어는 그 고소함이 정말 남다르답니다.
여기에 천연 인슐린이라고 불리는 돼지감자를 블렌딩한 녹차를 부어주면 고소함은 배가되고 혈당은 확 낮출 수 있지요.

1인분 / 20~25분

- 현미밥 약 1/2공기 (120g, 31쪽)
- 스테이크용 연어 100g
- 통깨 + 검은깨 2큰술 (한 종류만 사용 가능)
- 아보카도오일 1/3작은술
- 허브솔트 2꼬집
- 돼지감자녹차 티백 1개 (보향다원 돼지감자 녹차, 또는 일반 녹차, 2g)
- 다진 쪽파 1작은술
- 와사비 1/2작은술

요리 Tip

연어는 약한 불에서 오래 구우면 퍽퍽해지므로 레시피의 불세기와 시간대로 굽되, 너무 자주 뒤집지 않는 것이 좋다.

1 껍질이 제거된 스테이크용 연어는 키친타월로 수분을 없앤다.

2 연어의 앞뒤로 허브솔트를 뿌린 후 껍질 쪽에 통깨, 검은깨를 섞어 묻힌다.

3 달군 팬에 아보카도오일을 두르고 깨를 묻힌 쪽이 먼저 바닥에 닿도록 연어를 올려 중간 불에서 2~3분, 뒤집어서 2~3분간 굽는다.

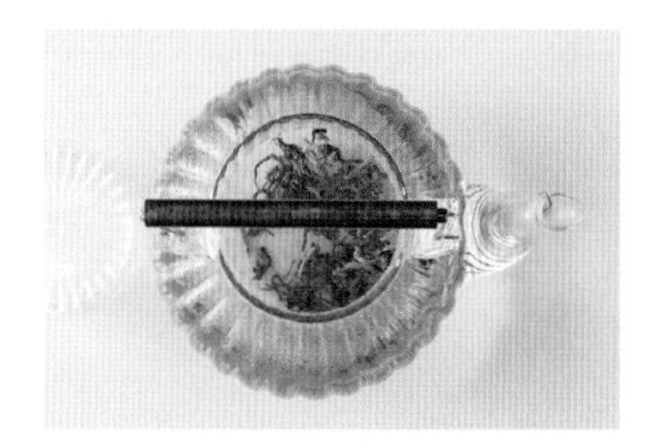

4 85°C의 물(1과 1/2컵)에 돼지감자녹차 티백을 넣고 3분간 우려낸다.

5 그릇에 현미밥을 담고 구운 연어, 다진 쪽파, 와사비를 올린 후 돼지감자녹차 우린 물을 가장자리로 부어준다.

눌린 보리 버섯 오르조또

'오르조(orzo)'는 이탈리아어로 보리를 뜻합니다. 볶은 쌀에 와인, 육수 등을 넣고 졸이는 이탈리아 요리 리조또(risotto)를 쌀 대신 보리로 만들면 오르조또(orzotto)라고 불러요. 오르조또에 사용한 눌린 보리(압맥)는 보리를 쪄서 납작하게 눌러놓은 것으로 일반 보리보다 소화가 잘 되고 식감이 부드러운 특징이 있습니다. 또한 혈당 상승이 완만하도록 해주는 고마운 재료지요.

1인분 / 40~45분

- 모둠 버섯 120g
  (표고버섯, 느타리버섯, 새송이버섯 등)
- 눌린 보리 1/2컵(압맥, 90g)
- 다진 양파 2큰술
- 화이트와인 2큰술
  (달지 않은 것, 또는 청주)
- 닭육수 3컵(600㎖, 32쪽)
- 고르곤졸라 치즈 1작은술
  (또는 파르미지아노 레지아노치즈)
- 그라나파다노치즈 간 것 2큰술
- 올리브유
  1/2큰술 + 1/2큰술 + 약간
- 소금 1꼬집
- 통후추 간 것 약간
- 와일드루꼴라 약간(생략 가능)

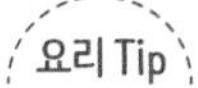

요리 Tip

닭육수는 물 3컵(600㎖) +
치킨파우더 1작은술로
대체할 수 있다.

1 모둠 버섯은 한입 크기로 썰고, 눌린 보리는 씻어 체에 밭쳐 물기를 뺀다. 냄비에 닭육수를 넣고 끓어오르면 가장 약한 불로 줄여 계속 따뜻한 온도로 유지한다.

2 달군 팬에 올리브유(1/2큰술)를 두르고 모둠 버섯, 소금, 통후추 간 것을 넣어 중간 불에서 10분간 노릇하게 볶은 후 덜어둔다.

3 다시 팬을 달군 후 올리브유(1/2큰술), 다진 양파를 넣고 약한 불에서 1분간 투명해질 때까지 볶는다. 눌린 보리를 넣고 중약 불에서 1분, 화이트와인을 넣어 보리쌀이 와인을 다 흡수하도록 중간 불에서 1~2분간 볶는다.

4 따뜻한 닭육수(1/2컵)를 붓고 저어가며 끓인다. 육수가 완전히 흡수되면 다시 육수를 1/2컵씩 추가하며 같은 방법으로 보리를 익힌다. 이때, 중간 불 이상을 유지하고, 5~6회 정도 나눠 닭육수를 더한다. 총 조리 시간은 15~20분 정도로 조절한다.

5 보리가 잘 익고 전분질이 나와 끈적해지면 약한 불로 줄여 고르곤졸라, 그라나파다노치즈 간 것을 넣는다. 물을 조금씩 넣어가며 부드럽게 농도를 맞춘다.

6 그릇에 담고 ②의 구운 버섯, 와일드루꼴라, 올리브유(약간), 통후추 간 것을 뿌린다.

바삭두부면 채소쌈

다양한 식감을 느낄 수 있는 요리예요. 에어프라이어에서 바삭하게 구운 두부면에서는 고소하면서도 바삭한 식감을, 미니 로메인으로는 부드러움을 느낄 수 있지요. 닭가슴살 표고볶음의 닭가슴살, 표고버섯은 오징어, 돼지고기, 쇠고기, 다른 버섯 등으로 대신해도 맛있어요.

탄수화물 19%
지방 52%
단백질 29%
463 kcal
식이섬유 6.27g/25%
나트륨 757.7mg

1인분 / 20~25분

- 두부면 1팩(얇은 면, 100g)
- 올리브유 1작은술
- 미니 로메인 1/2통(45g)

닭가슴살 표고볶음
- 닭가슴살 1/2쪽(50g)
- 표고버섯 1개(25g)
- 양배추 1과 1/2장 (손바닥 크기, 50g)
- 양파 1/4개(50g)
- 당근 약 1/7개(30g)
- 아보카도오일 1큰술
- 고춧가루 1/2작은술
- 물 1큰술

양념
- 다진 파 1큰술
- 다진 마늘 1작은술
- 다진 생강 1/3작은술
- 진간장 1/2큰술
- 굴소스 1작은술
- 에리스리톨 스테비아 1/2작은술 (또는 알룰로스)
- 청주 1/2작은술
- 후춧가루 약간

1 볼에 두부면, 올리브유를 넣고 버무린다. 에어프라이어(또는 오븐)에 펼쳐 넣고 170°C에서 5분, 뒤집어서 3~5분간 노릇하게 굽는다.

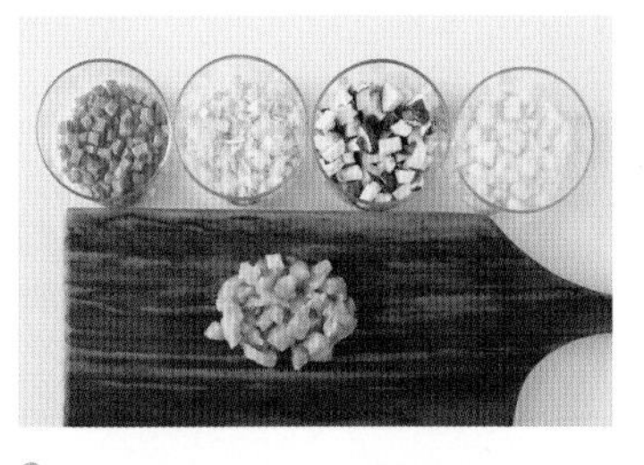

2 닭가슴살, 표고버섯, 양배추, 양파, 당근은 사방 0.5cm 크기로 썬다. 미니 로메인은 잎을 떼어둔다.

3 볼에 양념 재료를 넣고 섞은 후 ②를 넣어 버무린다.

4 달군 팬에 아보카도오일을 두르고 ③을 넣어 중간 불에서 3분, 약한 불로 줄여 고춧가루를 넣고 30초, 물(1큰술)을 넣고 30초간 볶는다.

5 미니 로메인에 ④의 닭가슴살 표고볶음, ①의 두부면을 나눠 올린다.

두부면 문어 알리오올리오

혈당 관리에 좋은 두부면은 거의 제 주식이나 다름 없어요. 두부면을 맛있게 먹을 수 있는 알리오올리오를 소개할게요.
일반적으로는 파스타를 익힐 때 면에서 나온 전분이 소스에 녹아들면서 점성이 자연스럽게 생기지만
두부면은 단백질이 주성분이라서 전분이 없어요. 그래서 그라나파다노치즈 간 것을 넣어 점성을 더하고, 간도 맞췄지요.
거기에 쫄깃한 문어를 더해 보는 멋도, 식감도 살렸습니다.

탄수화물 10%
지방 64%
단백질 26%
584 kcal
식이섬유 3.59g/14%
나트륨 669.1mg

1인분 / 20~25분

- 두부면 1팩(100g)
- 자숙문어 다리 1개(50g)
- 꽈리고추 2개(10g)
- 방울토마토 3개(45g)
- 마늘 6쪽(30g)
- 올리브유 2큰술
- 엔초비 2조각(6g)
- 닭육수 1/2컵(100mℓ, 32쪽)
- 그라나파다노치즈 간 것 2큰술
  (또는 파르미지아노 레지아노치즈)
- 올리브 2알(블랙, 그린)
- 케이퍼 1작은술
- 와일드루꼴라 5장
  (또는 참나물)
- 크러쉬드페퍼 약간
- 통후추 간 것 약간

1 자숙문어는 다리에 칼집을 넣고,
꽈리고추는 어슷 썬다.
방울토마토는 2등분하고,
마늘은 굵게 으깬다.

2 달군 팬에 올리브유를 두르고
마늘을 넣어 약한 불에서 5분간
노릇하게 익혀 덜어둔다.

3 마늘을 익힌 기름에 자숙문어 다리를
넣고 중간 불에서 3분간 뒤집어가며
노릇하게 구운 후 한쪽으로 밀어둔다.
엔초비를 넣고 약한 불에서 30초간
볶은 후 재료를 모두 덜어둔다.

4 팬에 ②의 마늘, 닭육수를 넣고
중간 불에서 1~2분간 끓인다.

5 두부면, 꽈리고추, 방울토마토를 넣고
중간 불에서 2~3분간 두부면에
소스가 스며들도록 익힌다.

6 그라나파다노치즈 간 것을 넣어
섞고 올리브, 케이퍼, 와일드루꼴라,
크러쉬드페퍼, 통후추 간 것을 섞는다.
그릇에 담고 ③을 올린다.

요리 Tip

- 마늘의 꼭지에는 독성이 있으므로
  없애는 것이 좋다. 또한 마늘을
  센 불에서 구우면 속은 익지 않아
  아린맛이 나고 겉은 과하게 튀겨져
  탄맛이 날 수 있으니 약한 불에서
  천천히 노릇하게 익히는 게 중요하다.
- 닭육수는 물 1/2컵(100mℓ) +
  치킨파우더 2꼬집으로 대체해도 좋다.

마카다미아 바질페스토 두부면 파스타

고소함의 끝판왕 파스타입니다. 차갑게 즐기는 콜드파스타지만
두부면은 냉장실에서 바로 꺼내면 뻣뻣하기 때문에 한번 데쳐서 한김 식힌 후 사용하는 것이 좋아요.
참치, 연어, 문어, 오징어 등 다양한 해산물을 곁들여도 잘 어울려요.

612 kcal
탄수화물 12%
지방 58%
단백질 30%

식이섬유 3.47g/14%
나트륨 382.4mg

1인분 / 20~25분

- 두부면 1팩(100g)
- 칵테일새우 5마리(50g)
- 방울토마토 3개(45g)
- 샐러드채소 1/2줌(30g)
- 부라타치즈 1개(60g)
- 마카다미아 바질페스토 2큰술(39쪽)
- 오일드레싱 1큰술(35쪽)
- 올리브유 1/2작은술
- 통후추 간 것 약간

1 방울토마토는 2등분한다.

2 두부면은 끓는 물에 넣고 1분간 데친 후 체로 두부면만 건져 흐르는 물에 헹군 다음 물기를 뺀다.

3 ②의 끓는 물에 칵테일새우를 넣고 1분 30초간 데친 후 찬물에 헹궈 물기를 뺀다.

4 볼에 방울토마토, 새우, 오일드레싱을 넣어 버무린다.

5 접시에 샐러드채소와 두부면, ④, 부라타치즈를 올리고 마카다미아 바질페스토, 올리브유, 통후추 간 것을 뿌린다.

영양 Tip

마카다미아는 불포화지방산과 칼륨이 풍부해서 대사증후군의 위험을 줄일 수 있고 혈당을 안정적으로 유지하며 혈관 건강에 도움이 주는 견과류이다.

오리라구 두부면 로제파스타

고기가 들어가는 이탈리아 소스인 '라구(ragu)'를 오리고기와 된장을 더해 만들어 보았습니다.
구수한 맛이 매력적인데요, 오리라구를 맛있게 완성했다면 육수나 생크림, 홀토마토를 더해 다양한 맛의 파스타 소스로도 응용해 보세요.
참, 오리기름과 들깨가루, 생크림이 들어가는 요리의 특성상 칼로리가 높은 편입니다. 정제 탄수화물과 함께 섭취하지 않도록 주의하고,
활동량이 비교적 많은 점심 메뉴로 추천하며, 나머지 끼니(아침, 저녁)는 평소보다 조금 가볍게 먹을 것을 권합니다.

933 kcal
탄수화물 10%
지방 20%
단백질 70%
식이섬유 2.45g/10%
나트륨 478.4mg

1인분 / 20~25분

- 두부면 1팩(100g)
- 굵게 다진 마늘 3쪽 분량(15g)
- 오리라구 100g(42쪽)
- 홀토마토 1/2컵(100㎖)
- 생크림 1/2컵(100㎖)
- 올리브유 1큰술
- 소금 2꼬집
- 통후추 간 것 약간

1 두부면은 끓는 물에 넣고 1분간 데친 후 체에 밭쳐 흐르는 물에 헹궈 물기를 뺀다.

2 깊은 팬을 달궈 올리브유를 두르고 굵게 다진 마늘을 넣어 약한 불에서 3분간 노릇하게 볶는다.

3 오리라구, 홀토마토, 생크림을 넣고 홀토마토를 으깨가며 중간 불에서 1분간 끓인다.

4 두부면을 넣고 중간 불에서 1~2분간 소스가 걸쭉해질 때까지 끓인다. 소금, 통후추 간 것으로 부족한 간을 더한다.

쇠고기 오이볶음 두부면

오이의 향이 싱그러운 계절에 여러 번 만들어 먹는 한식 면요리예요.
쇠고기 오이볶음은 채소를 장아찌와 같은 맛이 나도록 절였다가 볶아서 만드는 궁중음식인 '갑장과'를 응용했어요.
기존 갑장과보다 오이를 가늘게 채 썰고 두부면을 더해 마치 잡채를 먹는 기분이 느껴진답니다.

395 kcal

탄수화물 11%

지방 57%

단백질 32%

식이섬유 3.33g/13%

나트륨 608.3mg

1인분 / 25~30분(+ 오이 절이기 20분)

- 두부면 1팩(100g)
- 오이 약 2/3개(130g)
- 다진 쇠고기 50g
- 아보카도오일 1작은술 + 1작은술
- 들기름 1/2작은술
- 잣가루 1/2큰술(생략 가능)

양념

- 다진 파 1/2큰술
- 다진 마늘 1/2작은술
- 다진 생강 약간
- 진간장 1/2큰술
- 올리고당 1/2작은술
- 에리스리톨 스테비아 2/3작은술 (또는 알룰로스)
- 들기름 1/3작은술
- 후춧가루 약간
- 통깨 약간

1 오이는 가운데 씨를 제거하고 6cm 길이로 굵게 채 썬다.

2 물(1/2컵) + 소금(1작은술)에 넣고 20분간 절인 후 물에 헹군 다음 물기를 꼭 짠다.

3 볼에 양념 재료, 다진 쇠고기를 넣고 버무린다.

4 달군 팬에 아보카도오일(1작은술)을 두르고 오이를 넣어 중간 불에서 30초간 볶은 후 그릇에 펼쳐 식힌다.

5 다시 달군 팬에 아보카도오일 (1작은술)을 두르고 ③의 다진 쇠고기를 넣어 중간 불에서 1분간 볶은 후 그릇에 펼쳐 식힌다.

6 다시 달군 팬에 두부면, 들기름을 넣어 약한 불에서 1분간 볶는다. 그릇에 모든 재료를 담고 잣가루를 뿌린다.

요리 Tip

- 잣가루는 도마에 키친타월 → 잣 → 키친타월 순으로 올린 후 칼로 다지면 튀지도 않고, 키친타월이 잣의 기름을 흡수해 보슬보슬한 잣가루를 만들 수 있다.
- 살짝 데친 숙주, 미나리, 버섯 등을 더해도 좋다.

닭한마리 두부면 들깨칼국수

동대문의 대표 메뉴인 '닭한마리'는 당뇨 식사법을 적용시켜 먹기 좋은 요리입니다.
식사 초반에 채소와 버섯부터 천천히 익혀 먹고 다음으로 단백질인 닭고기를, 마지막으로 잡곡밥으로 죽을 끓이거나
밀가루면이 아닌 두부면을 더하면 혈당이 급격하게 오르는 것을 예방할 수 있지요. 식탁에서 끓여가며 천천히 즐겨보세요.

644 kcal
탄수화물 11%
지방 49%
단백질 40%
식이섬유 4.90g/20%
나트륨 664.5mg

4인분 / 50~55분

- 닭 볶음탕용 1kg
- 물 7과 1/2컵(1.5ℓ)
- 양파 약 1/3개(70g)
- 대파 2대(100g)
- 마늘 2쪽(10g)
- 생강 1톨(3g, 마늘 크기)
- 통후추 8알
- 부추 2줌(100g)
- 곤약 100g
- 새송이버섯 1개(100g)

소스

- 채 썬 양파 약 1/3개분(75g)
- 한입 크기로 썬 부추 50g
- 맛간장 4큰술(33쪽)
- 식초 1/2큰술
- 물 1큰술
- 연겨자 1/2작은술

두부면 들깨칼국수

- 두부면 2팩(얇은 것, 200g)
- 오트밀파우더 2큰술
- 볶은 들깨가루 2큰술
- 국간장 2작은술
  (기호에 따라 가감)

요리 Tip

- 과정 ⑥에서 국물에 고춧가루 2큰술 + 다진 마늘 1큰술 + 액젓 1큰술 + 국간장 1큰술 + 후춧가루 약간을 더해 얼큰하게 즐겨도 좋다.
- 오트밀파우더는 집에 있는 오트밀을 믹서에 갈아서 사용하는데, 시판 오트밀파우더를 사용해도 좋다.

1 큰 냄비에 닭이 잠길 만큼의 물을 넣고 끓어오르면 닭을 넣어 3분간 데친다. 닭을 흐르는 물에 씻은 후 체에 밭쳐 물기를 뺀다.

2 양파, 대파는 큼직하게 썰고, 마늘은 꼭지를 떼고 준비한다. 생강은 껍질을 벗긴다. 통후추는 칼등으로 눌러 으깬다.

3 부추는 6cm 길이로 썰고, 곤약은 0.3×6×2.5 cm 크기로 얇게 썰어 가운데 칼집을 세 번 넣고 끝을 가운데로 집어넣은 다음 뒤집어 매작과 모양을 만든다. 새송이버섯은 길이로 2등분한 후 다시 길게 4등분한다.

* 곤약은 한입 크기로 썰어도 좋다.

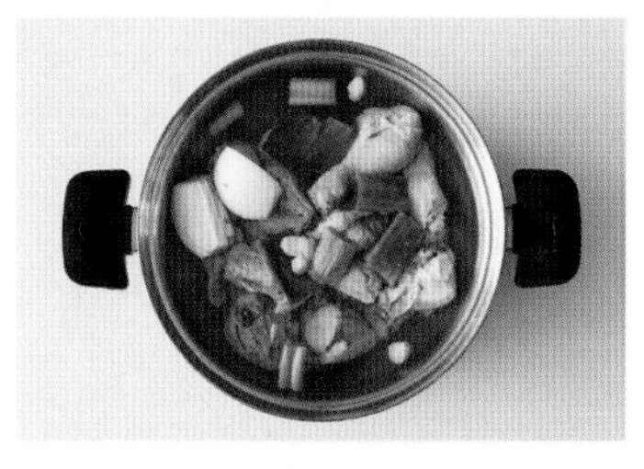

4 큰 냄비에 데친 닭, 물(7과 1/2컵), ②를 넣고 센 불에서 5분, 약한 불로 줄여 30분간 끓인다. 닭을 제외한 건더기를 모두 건져내고, 국물(1컵)을 따로 담아둔다.

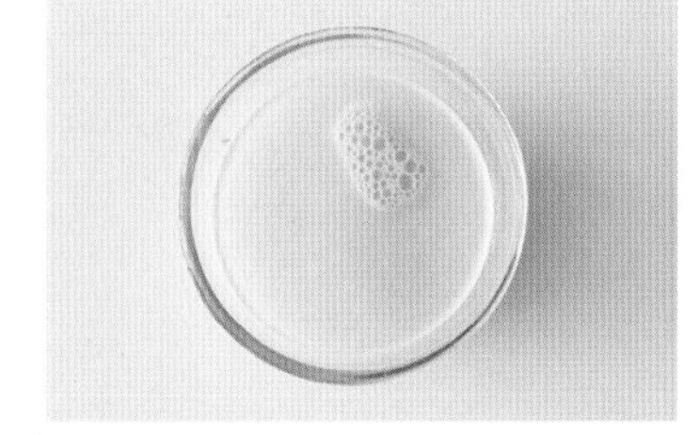

5 과정 ④에서 덜어둔 국물(1컵)에 두부면 들깨칼국수 재료인 오트밀파우더, 볶은 들깨가루를 미리 풀어둔다.

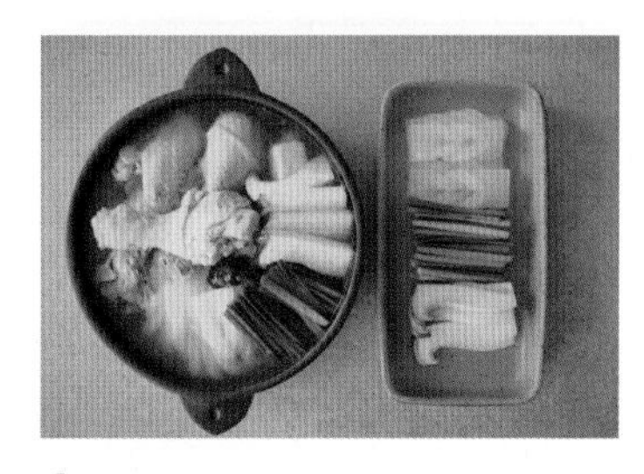

6 ④를 냄비째 약한 불에서 끓여가며 닭고기는 소스에 찍어 먹고, ③의 채소는 국물에 넣어 약한 불에서 익혀가며 먹는다. 남은 국물에 두부면, ⑤를 넣고 두부면 들깨칼국수를 끓여 먹는다. 이때, 국간장으로 부족한 간을 더한다.

두부면 간짜장

남녀노소 모두가 사랑하는 짜장면은 혈당을 튀게 하는 대표 고탄수 메뉴라서 피하게 되는데요,
매일 먹는 것이 아닌 이상 가끔 즐길 때는 죄책감 없이, 즐겁게 먹을 수 있도록 만들어보세요.
설탕은 대체당으로 바꾸고, 기름 사용은 최소화하고, 지방보다는 단백질이 풍부한 고기를 사용하고,
채소를 많이 넣는 식으로요. 갓 만들어 향이 가득한 간짜장으로 즐기는 게 가장 좋답니다.

2인분 / 30~35분

- 두부면 2팩(200g)
- 오이 1/20개(10g)

간짜장

- 양파 약 3/4개(160g)
- 주키니 1/3개
  (또는 애호박, 80g)
- 양배추 2장(손바닥 크기, 80g)
- 손질 오징어 50g
- 생새우살 3마리(30g)
- 돼지고기 100g
  (앞다릿살, 뒷다릿살, 안심, 등심 등)
- 아보카도오일 1큰술
- 진간장 1/2큰술
- 다진 파 1큰술
- 다진 마늘 1작은술
- 다진 생강 1/3작은술
- 후춧가루 약간
- 물 2큰술
- 시판 볶은 춘장 2큰술(40g)
- 굴소스 1큰술
- 에리스리톨 스테비아 1/2큰술
  (또는 알룰로스)

1 양파, 주키니, 양배추, 오징어, 새우살, 돼지고기는 사방 1cm 크기로 썬다. 오이는 가늘게 채 썬다.

2 달군 팬에 아보카도오일을 두르고 돼지고기를 넣어 흰색이 될 때까지 센 불에서 2분간 볶는다.

3 팬의 가장자리로 진간장을 붓고 다진 파, 다진 마늘, 다진 생강, 후춧가루를 더해 노릇해지도록 센 불에서 5분간 볶는다.
* 진간장을 가장자리로 부으면 기름에 튀겨지면서 좋은 풍미가 생긴다.

4 물(2큰술)을 넣어 팬의 바닥에 눌어붙은 것들을 긁어낸 후 양파, 양배추를 넣고 센 불에서 숨이 죽을 때까지 2분간 볶는다.
* 고기를 볶을 때 바닥에 눌어붙은 재료들이 불맛을 대신할 수 있다.

5 주키니, 오징어, 새우살을 넣고 1분, 춘장, 굴소스, 에리스리톨 스테비아를 넣고 춘장이 잘 풀어지도록 섞어가며 2~3분간 볶아 간짜장을 만든다.

6 전자레인지에 두부면을 넣고 2분간 데운 후 그릇에 담고 ⑤의 간짜장과 오이를 올린다.

달걀프라이를 더하면 고소한 맛을 살리고, 단백질 섭취도 늘릴 수 있다.

두부면 고기짬뽕

기름진 국물에 밀가루면이 들어가는 짬뽕은 혈당 조절 시 피해야 할 요리이지요.
하지만 그 맛을 잊지 못한다면 두부면 고기짬뽕을 만들어보세요.
새우젓을 넣고 얼큰하게 끓인 국물에 두부면을 말아낸 느낌의 메뉴랍니다.

2인분 / 30~35분

- 두부면 2팩(200g)
- 돼지고기 앞다릿살 150g
- 주키니 1/4개
  (또는 애호박, 50g)
- 양파 1/5개(40g)
- 새송이버섯 1/2개(50g)
- 표고버섯 1개(25g)
- 한입 크기로 썬 대파 약 1대분(40g)
- 참기름 1작은술
- 다진 파 1큰술
- 다진 마늘 1작은술
- 다진 생강 1/2작은술
- 맛술 1작은술
- 진간장 1/2큰술
- 새우젓 1작은술
- 고춧가루 2작은술
- 멸치다시마국물 4와 1/2컵
  (900mℓ, 32쪽)
- 소금 1/2작은술

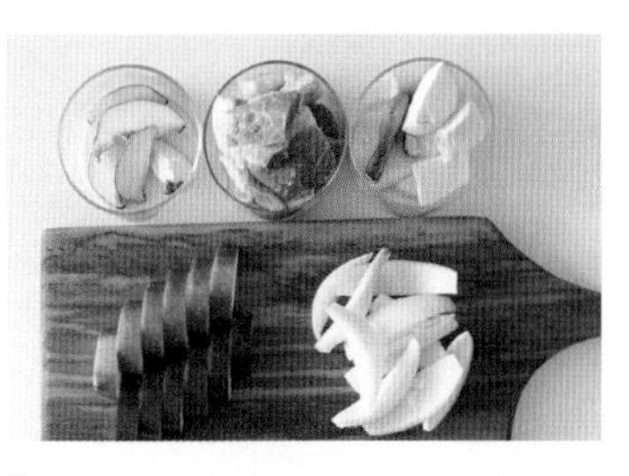

1 주키니는 반달 모양의 1cm 두께로 썬다. 양파, 새송이버섯, 표고버섯, 돼지고기는 주키니와 비슷한 크기로 썬다.

2 바닥이 두꺼운 냄비에 참기름을 두르고 돼지고기를 넣어 센 불에서 3분, 다진 파, 다진 마늘, 다진 생강을 넣고 1분간 볶는다.
* 바닥이 두꺼운 냄비를 사용해야 타지 않는다.

3 중간 불로 줄인 후 맛술을 넣고 냄비의 바닥에 눌어붙은 것들을 긁어준다. 진간장, 새우젓을 넣고 30초, 약한 불로 줄여 고춧가루를 넣고 30초간 타지 않게 볶는다.
* 고기를 볶을 때 바닥에 눌어붙은 재료들이 불맛을 대신할 수 있다.

4 멸치다시마국물을 넣고 중간 불로 올려 10분, 주키니, 양파, 새송이버섯, 표고버섯을 넣고 약한 불로 줄여 10~15분간 끓인다.

5 대파를 넣고 2분간 끓인 후 소금으로 부족한 간을 더한다.

6 전자레인지에 두부면을 넣고 2분간 데운 후 그릇에 담고 ⑤의 국물을 더한다.

곤약면 닭가슴살 겨자채

쫄깃한 곤약면과 부드러운 닭가슴살, 각종 채소를 두유겨자소스와 함께 먹는 요리예요.
곤약은 구약감자를 가공한 것으로 '글루코만난(glucomannan)'이라는 성분이 풍부해요. 이는 콜레스테롤과
혈당 수치를 낮추고 장내 노폐물을 배출시켜 장 건강에 도움을 줍니다. 열량도 낮고 식이섬유도 풍부하게 함유되어 있지만
소화가 잘되지 않아 과도하게 섭취하면 설사나 복통이 나타날 수 있으니 주의하세요.

1인분 / 15~20분

- 곤약면 1팩(150g)
- 시판 수비드 닭가슴살 1/2쪽 (또는 데친 오징어, 50g)
- 오이 약 1/6개(30g)
- 양파 약 1/7개(30g)
- 파프리카 1/2개(빨강, 노랑 등, 80g)
- 적양배추 1장(손바닥 크기, 30g)
- 두유겨자소스 3큰술(34쪽)

1 곤약면을 체에 밭친 후 흐르는 물에 2~3회 헹군다.

2 끓는 물(3컵) + 식초(약간)에 곤약면을 넣어 2분간 데친 후 흐르는 물에 헹궈 물기를 없앤다.

3 오이, 양파, 파프리카, 적양배추는 가늘게 채 썰고, 닭가슴살은 가늘게 찢는다.

4 그릇에 모든 재료를 담는다. 먹기 직전에 고루 버무린다.

콩담백면 참마 냉소바

간 참마를 넣고 시원하게 즐기는 냉소바입니다. '산에서 나는 장어'라는 별명을 가진 마는 미끈미끈한 점성이 있어 호불호가 확실한 재료지요. 저는 이 식감을 무척 좋아해서 즐겨 먹습니다. 설탕 없이 끓여 낸 맛간장을 더한 소바국물에 참마와 무를 갈아 넣으면 혈당이 급격히 오르는 것도 예방할 수 있답니다.
참, 면은 소바국물에 푹 담가 먹는 것보다는 소스를 찍듯이 살짝 담갔다가 먹는 것이 당뇨 식단 관리에는 더 좋습니다.

1인분 / 15~20분

- 콩담백면 1팩
  (또는 두유면, 곤약면, 150g)
- 참마 1/5개(50g)
- 무 1조각(40g)
- 와사비 1/3작은술
- 레몬 슬라이스 1조각
- 송송 썬 쪽파 1작은술
- 채 썬 김 약간

소바국물
- 맛간장 1/2컵(100㎖, 33쪽)
- 물 1/4컵(50㎖)
- 얼음 2~3조각

1 볼에 소바국물 재료를 섞어
냉장실에서 차게 보관한다.

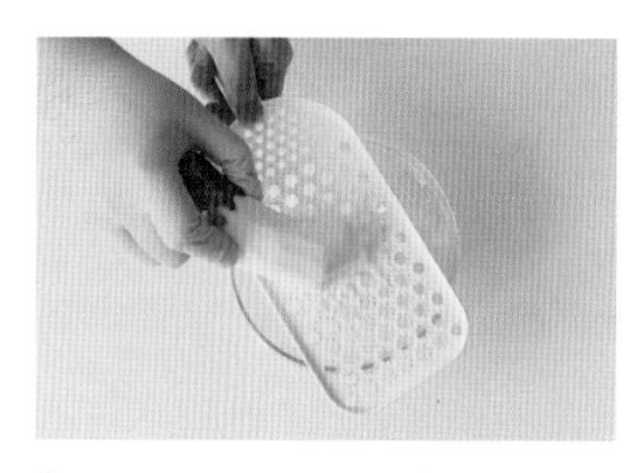

2 위생장갑을 착용한 후 마의 껍질을
필러로 벗기고 강판에 곱게 간다.
* 마를 맨손으로 만질 경우
간지러울 수 있으니 위생장갑을
착용하는 것이 좋다. 또한 깨끗하게
씻어 흙을 충분히 없애야
손에 흙이 박히지 않는다.

3 무를 강판에 간 후 물기를 꼭 짜
건더기만 동그란 모양으로 만든다.
그릇에 담고 와사비를 곁들인다.

4 작은 그릇에 ①을 담고
레몬 슬라이스, 간 마(1큰술)를 더한다.

5 그릇에 물기를 뺀 콩담백면,
송송 썬 쪽파, 채 썬 김을 올린다.
④의 국물에 살짝 담가가며 먹는다.
간 무, 와사비는 취향에 따라 곁들인다.

요리 Tip

과정 ③에서 겨울에는 무가 달큰한 맛이
강해 즙을 짜지 않고 그대로 더해도
된다. 반면, 더운 계절에는 무에서
쓴맛이 날 수 있으니 즙을
짠 후 건더기만 더하는 것이 좋다.

요리 Tip

- 데친 숙주, 김가루, 채 썬 사과, 양배추, 삶은 달걀, 익힌 닭가슴살, 데친 오징어를 함께 더해도 좋다.
- 콩담백면은 150g당 칼로리가 30kcal 정도로 낮고, 탄수화물 함량도 6g 정도로 낮다.

구운 두부
땅콩 비빔면

중국 냉면이나 탄탄면을 먹는 기분이 드는 땅콩 비빔면은 여름에 특히 잘 어울리는 메뉴예요. 혈당이 높은 날, 타이트하게 식단을 관리해야 하는 날에도 부담 없이 맛있게 먹을 수 있답니다.

1인분 / 20~25분

- 콩담백면 1팩 (또는 두유면, 곤약면, 150g)
- 오이 1/10개(20g)
- 방울토마토 2개(30g)
- 두부 1/2모(150g)
- 다진 땅콩 1큰술
- 아보카도오일 1큰술
- 땅콩간장소스 2큰술(35쪽)

1. 그릇에 두부를 담아 전자레인지에 4분 정도 돌린 후 아래에 고인 물은 버린다. 한김 식힌 후 사방 1.5cm 크기로 썬다.
2. 볼에 두부, 아보카도오일을 넣고 버무린다. 180°C에서 예열한 에어프라이어(또는 오븐)에 넣고 15분, 뒤집어서 5분간 굽는다.
   * 에어프라이어는 3~5분, 오븐은 10분 정도 예열한다.
3. 오이는 채 썰고, 방울토마토는 2등분한다.
4. 콩담백면을 체에 밭쳐 물기를 없앤 후 그릇에 담는다. 땅콩간장소스를 뿌리고, ②, ③, 다진 땅콩을 올린다.

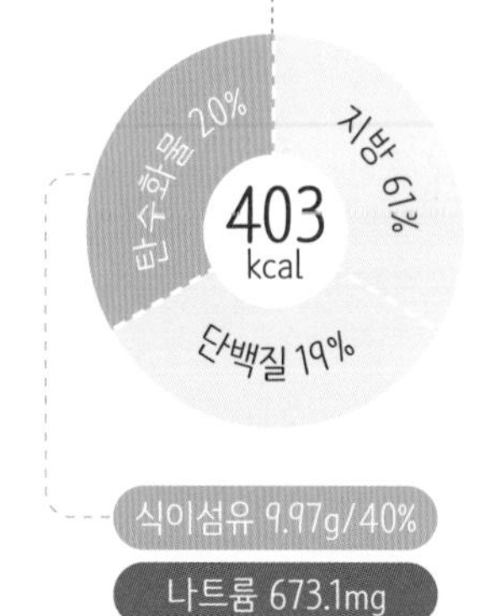

식이섬유 9.97g/40%

나트륨 673.1mg

2

3

매콤 골뱅이 비빔면

혈당관리를 위한 식이요법을 하다 보면 쨍하게 매운맛이 그리운 순간들이 찾아옵니다. 스트레스가 쌓이면 폭식하지 말고 맛깔나게 비벼낸 이 국수 한 그릇을 맛보세요. 혈당을 관리할 때는 스트레스 관리도 매우 중요해요.

1인분 / 10~15분(+ 채소 절이기 20분)

- 콩담백면 1팩 (또는 두유면, 곤약면, 150g)
- 통조림 골뱅이 1캔(건더기만 63g)
- 오이 약 1/3개(80g)
- 양배추 2장(손바닥 크기, 80g)
- 양파 약 1/7개(30g)
- 참나물 3줄기 (또는 깻잎, 미나리 등)
- 매운비빔양념 2큰술(35쪽)

채소 절임초

- 식초 1큰술
- 에리스리톨 스테비아 2작은술 (또는 알룰로스)
- 소금 1/3작은술

1. 오이는 길이로 2등분한 후 어슷 썰고, 양배추, 양파는 오이와 비슷한 크기로 썬다. 참나물은 3cm 길이로 썰고, 골뱅이는 2~3등분한다.
2. 볼에 채소 절임초 재료를 넣고 섞는다. 오이, 양배추, 양파를 넣어 20분간 절인 후 물기를 없앤다.
3. 콩담백면은 체에 밭쳐 흐르는 물에 헹군 후 물기를 뺀다.
4. 그릇에 콩담백면과 절인 채소, 골뱅이, 참나물을 담고 매운비빔양념을 곁들인다.

요리 Tip

오이, 양배추, 양파를 미리 절이면 양념을 많이 더하지 않아도 간이 잘 맞고, 물이 생기지 않아 더욱 맛있게 즐길 수 있다.

1

2

Chapter 4

Main Dish

일품요리

오랜만에 가족들이 모이거나 친구들을 만날 때, 또는 회식에 참석해야 하는 순간들이 오면
그동안 애써 유지해오던 식단이 와르르 무너지기도 하죠.
유혹에 넘어가지 않고 잘 피했다 하더라도 혈당 관리는 긴 싸움이기 때문에
꾸준히 흥미를 잃지 않고 맛있게 먹을 수 있는 메뉴들이 필요합니다.
내가 먹는 건강식을 자랑하고 싶을 만큼, 완성도 높은 모양과 맛을 보장하는
저탄수 일품요리들을 소개할게요.

알아두면 좋은 저탄수 일품요리 특징

콩과 두부 요리

일품요리의 주재료로 많이 활용하는 콩과 두부. 특히 두부는 가공법에 따라 종류가 다양하고, 각종 양념, 다른 재료와 두루두루 잘 어울리기 때문에 추천하지요.
두부 중에서 납작한 형태의 포두부는 제조사에 따라 압착된 정도와 크기, 포장방법 등이 다르기 때문에 1장을 기준으로 보았을 때 중량에 차이가 있으니 레시피에 표기된 내용을 참고하세요.

고기 요리

적절한 양의 고기 요리는 빈혈을 예방하고 혈당조절에 도움이 되므로 권장하는 편입니다. 다만 과도하게 먹을 경우 지방을 많이 섭취하게 되고, 가공육류(소시지, 베이컨, 햄 등)는 질산염 화합물(니트로소아민)과 같은 발암물질이 작용하므로 주의해야 합니다.
고기는 타지 않게 굽고, 기름진 부위나 가금류(닭, 오리)의 꼬리 쪽 지방은 떼어내는 게 좋아요. 또한 채소를 함께 곁들이도록 하세요.

해물 요리

해물은 단백질과 건강한 지방의 훌륭한 공급원일 뿐만 아니라 주요 비타민과 미네랄을 함유하고 있습니다. 특히 연어, 고등어, 삼치 등 오메가3 지방산이 풍부한 생선을 섭취하는 것은 혈중 중성지방 수치를 개선하여 심혈관계 질환을 예방하는 효과도 있지요. 굽거나 튀기기보다는 찌거나 삶아서 먹는 방법을 권장하고, 고유의 맛을 살리기 위해 양념이나 소스를 최소로 사용하는 것이 좋습니다.
또는 잘게 다져 고기나 채소 요리에 더해 감칠맛을 올려주는 보조적인 재료로도 활용하기에 적합하답니다.

닭가슴살 **두부찜**

두부찜은 궁중에서는 두부선이라고 부르기도 해요. 예쁜 모양을 위해 달걀 지단을 올리곤 하는데요,
저는 삶은 달걀노른자를 더해 더 간편하고, 열량도 줄였습니다. 다른 토핑 역시 생략 가능하고 두부찜만 만들어도 좋아요.
부드럽고 소화가 쉬워서 유아식이나 노인식으로 활용하기에도 적합한 메뉴입니다.

1인분 / 30~35분

- 닭가슴살 1쪽(100g)
- 두부 1모(300g)
- 표고버섯 1개(25g)
- 삶은 달걀노른자 1개
- 채 썬 홍고추 1개(생략 가능)
- 송송 썬 쪽파 약간(생략 가능)

양념

- 다진 파 1큰술
- 다진 마늘 1작은술
- 통깨 1/2작은술
- 소금 1/2작은술
- 에리스리톨 스테비아 1/2작은술 (또는 알룰로스)
- 참기름 1/2작은술
- 후춧가루 약간

잣 초간장

- 잣가루 1/3작은술 (또는 다른 견과류)
- 물 1/2작은술
- 식초 1/2작은술
- 진간장 1/2작은술

요리 Tip

두부찜의 표면을 더욱 매끄럽게 만들고 싶다면 찌는 도중 뚜껑에 맺힌 물방울이 두부찜에 떨어지지 않도록 반죽의 윗면에 젖은 면보를 가볍게 얹고 찌면 된다.

1 그릇에 두부를 담아 전자레인지에 4분 정도 돌린 후 아래에 물은 버린다. 두부는 곱게 으깬다. 닭가슴살은 잘게 다진다.

2 표고버섯은 밑동을 뗀 후 3장으로 포를 떠 얇게 채 썬다.

3 볼에 닭가슴살, 두부, 양념 재료를 넣고 충분히 섞는다.

4 찜기에 면보를 깔고 ③을 넣어 1~1.5cm 두께의 사각형 모양으로 만든다.

5 표고버섯을 올린 후 살짝 눌러준다. 물이 끓어오르면 찜기를 얹고 뚜껑을 덮어 5분간 익힌다.

6 한김 식혀 홍고추, 쪽파를 올린 후 삶은 달걀노른자를 체에 내려 뿌린다. 잣 초간장을 곁들인다.

포두부 칠절판

아홉 칸으로 나누어진 접시를 채워 만들면 구절판, 일곱 칸으로 나누어진 접시를 채워 만들면 칠절판이에요.
익힌 채소와 버섯, 고기를 골고루 돌려 담아 밀전병 대신 포두부에 싸 먹는 칠절판을 소개해요.

식이섬유 10.83g/43%

나트륨 731.1mg

영양 Tip

재료를 볶을 때 아보카도오일 대신 물을 더하면 더 건강하고 깔끔하게 즐길 수 있다.

요리 Tip

새우, 전복, 소라, 오징어 등의 재료를 활용하면 해물 칠절판을 만들 수 있다. 해물은 찌거나 데친 후 국간장, 참기름, 후춧가루로 양념한다.

2인분 / 40~45분

- 포두부 1팩(100g)
- 쇠고기 불고기용 100g
- 애호박 약 1/2개(100g)
- 당근 1/2개(100g)
- 건 표고버섯 4개(100g)
- 느타리버섯 2줌(100g)
- 달걀 2개(100g)
- 아보카도오일 1/2작은술 + 1/2작은술
- 두유겨자소스 2작은술(34쪽)

양념

- 에리스리톨 스테비아 1/2큰술 (또는 알룰로스)
- 진간장 1큰술
- 올리고당 1큰술
- 다진 파 1큰술
- 다진 마늘 1작은술
- 다진 생강 1/2작은술
- 참기름 1/3작은술
- 후춧가루 약간
- 통깨 약간

1 애호박은 가운데 연한 씨 부분을 잘라내고 얇게 어슷 썬다. 건 표고버섯은 불린 후 3장으로 포를 떠 가늘게 채 썬다. 느타리버섯은 가늘게 찢고, 당근은 가늘게 채 썬다.

2 볼에 애호박, 소금(약간), 물(1큰술)을 넣고 20분간 절인 후 물기를 꼭 짠다.

3 끓는 물(3컵)에 느타리버섯을 넣고 30초간 데친 후 헹구지 않고 그대로 식혀 물기를 꼭 짠다.

4 볼에 양념 재료를 섞은 후 쇠고기, 표고버섯, 느타리버섯에 1/3분량씩 나눠 넣고 버무린다.

5 달군 팬에 아보카도오일(1/2작은술)을 두르고 키친타월로 닦아낸 후 가장 약한 불로 줄인다. 볼에 푼 달걀물을 붓고 약한 불에서 1~2분, 뒤집어서 30초간 익힌다. 한김 식혀 가늘게 채 썬다.

6 다시 달군 팬에 아보카도오일(1/2작은술)을 두르고 애호박 → 당근 → 쇠고기 → 표고버섯 → 느타리버섯 순으로 각 재료를 1~2분씩 볶아 덜어둔다.

7 포두부는 원형 틀이나 둥근 그릇으로 동그란 모양을 만든다. 그릇의 가운데에 포두부를 올린 후 준비한 재료를 둘러 담는다. 두유겨자소스를 곁들인다.

치폴레마요네즈 포두부 나초플래터

포두부를 오븐에 바삭하게 구워 나초처럼 즐기는 포두부 나초플래터. 각종 채소와 섬유질이 풍부한 사과, 고구마를 곁들여 건강한 한 접시를 만들었어요. 포두부 나초의 바삭한 식감도 좋고 섬유질이 풍부한 재료를 골고루 천천히 씹어 먹을 수 있어서 식사 속도 조절에도 도움이 되는 메뉴입니다. 매콤한 치폴레마요네즈에 찍어 먹으면 지루하지 않답니다.

1인분 / 15~20분

- 포두부 2/3팩(70g)
- 방울토마토 4개(60g)
- 셀러리 1/4대(20g)
- 오이 1/4개(50g)
- 사과 1/4개(50g)
- 적양배추 약 2장 (손바닥 크기, 50g)
- 익힌 고구마 1/2개(50g)
- 올리브유 1큰술
- 치폴레마요네즈 2큰술(37쪽)

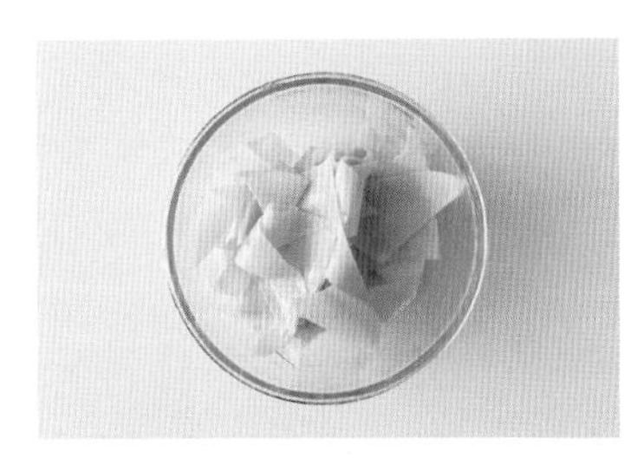

1 포두부는 나초 모양이 되도록 삼각형으로 자른 후 올리브유와 버무린다. 오븐은 170°C로 예열한다.

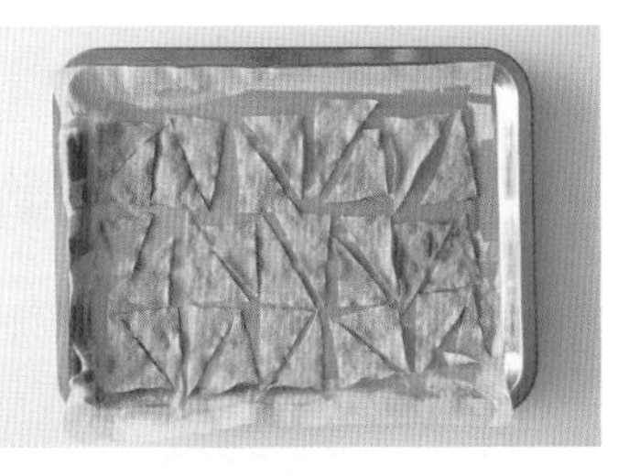

2 오븐 팬에 겹치지 않게 펼쳐 올린 후 170°C에서 예열한 오븐(또는 에어프라이어)에 넣고 10~12분간 노릇하게 굽는다.
* 에어프라이어는 3~5분, 오븐은 10분 정도 예열한다.

3 방울토마토는 2등분하고, 오이는 씨를 제거한 후 6cm 길이로 썬다. 셀러리, 사과, 적양배추, 고구마도 오이와 비슷한 크기로 썬다.

4 그릇에 모든 재료를 담고, 치폴레마요네즈를 곁들인다.

요리 Tip

고구마는 찌는 것보다 굽는 것이 더 맛있으나 굽는 것이 혈당을 더 올리므로 찌도록 하자. 내열용기에 한입 크기로 썬 고구마를 넣고 뚜껑을 덮어 전자레인지에서 5~7분간 익히면 된다.

요리 Tip

포두부는 두부의 4배가 넘는 영양분을 가지고 있어 혈당 관리에 좋은 재료. 물에 담겨 있는 형태와 건조되어 있는 형태, 두 종류로 판매 중. 본 요리에서는 둘 다 사용해도 무관하나, 건조된 포두부를 사용하면 쫄깃한 식감을 느낄 수 있다.

비트후무스 포두부말이

'후무스(hummus)'는 중동 지역에서 즐겨 먹는 딥핑 소스 중 하나예요. 병아리콩을 삶아 향신료, 통깨페이스트, 레몬즙, 올리브유 등과 함께 갈아서 만들지요. 채소를 곁들여 애피타이저로 먹거나 피타브레드, 구운 닭고기, 생선, 삶은 달걀 등과 함께 먹기도 해요. 비트를 후무스에 더하면 혈압을 내리는데 도움이 되고, 식이섬유가 풍부해지며, 맛과 색도 산뜻해진답니다.

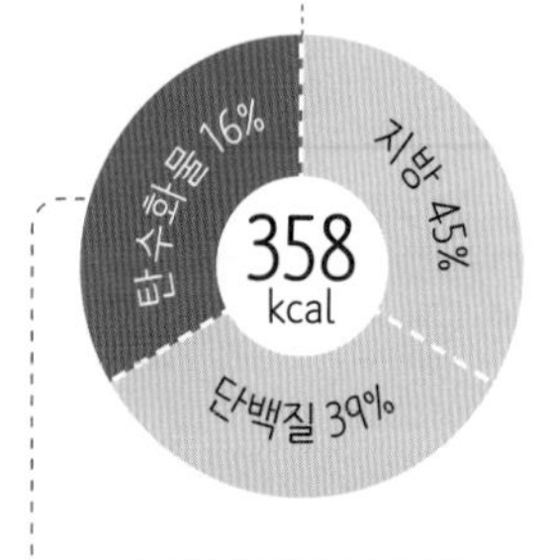

식이섬유 2.86g/11%

나트륨 526.4mg

1인분 / 10~15분

- 포두부 6장(40g)
- 시판 수비드 닭가슴살 1쪽(100g)
- 파프리카 1/2개(80g)
- 비트후무스 2큰술(40쪽)
- 와일드루꼴라 약간 (또는 미나리, 참나물, 샐러드채소)

1. 파프리카는 채 썰고, 와일드루꼴라도 비슷한 크기로 썬다. 닭가슴살은 잘게 찢는다.
2. 포두부에 ①의 재료를 조금씩 올린 후 돌돌 만다.
   * 이때, 돌돌 만 끝부분이 바닥에 가도록 그릇에 담아야 단단하게 고정할 수 있다. 올리브유를 두른 팬에 살짝 구워도 맛있다.
3. 비트후무스에 찍어 먹는다.

1

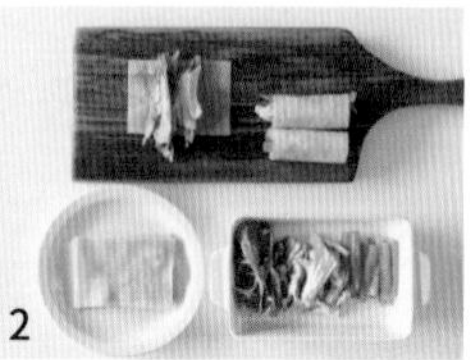
2

요리 Tip

미소된장은 된장 1작은술 +
맛간장(33쪽) 1작은술로 대체해도 좋다.

브리치즈
가지된장구이

구운 가지의 식감이 참 맛있는 브리치즈 가지된장구이입니다. 된장 소스는 다양하게 활용 가능한데요, 간이 좀 있는 편이라서 구운 두부, 잡곡밥, 샐러드채소, 호밀빵과 같이 담백한 재료에 곁들여 먹는 게 좋습니다.

1인분 / 25~30분

- 가지 1개(150g)
- 브리치즈 1/2개(50g)
- 다진 피칸 1큰술
  (또는 다른 다진 견과류)
- 들기름 1작은술

된장 소스

- 물 1큰술
- 맛술 1큰술
- 청주 1큰술
- 미소된장 1/2큰술

식이섬유 4.64g/19%

나트륨 661.6mg

1 오븐은 220°C로 예열한다.
가지는 길이로 2등분한 후 안쪽에 잘게 칼집을 내고 들기름을 바른다.
작은 볼에 된장 소스 재료를 섞는다.

2 달군 팬에 가지를 넣고 앞뒤로 뒤집어가며 중약 불에서 2~3분간 노릇하게 굽는다.

3 가지의 안쪽 부분에 된장 소스를 펴 바른 후 뒤집어 약한 불에서 1~2분간 노릇하게 굽는다.

4 내열용기에 가지의 안쪽이 위를 향하도록 담고 브리치즈, 다진 피칸을 뿌린다.

5 220°C로 예열한 오븐에 넣고 치즈가 녹을 정도로 5~7분간 굽는다.

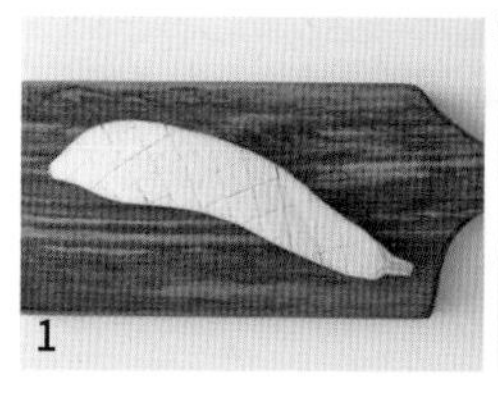
1

3

콜리플라워 스테이크

채소를 통으로 구워서 스테이크처럼 먹는 콜리플라워 스테이크는 훌륭한 비주얼 덕분에 식탁의 주인공으로도 손색이 없습니다.
콜리플라워는 덜 익으면 아린맛과 풋내가 나므로 속까지 완전히 익히도록 하세요.

2인분 / 30~35분

- 콜리플라워 1개(400g)
- 다진 이탈리안 파슬리 1줄기
  (생략 가능)
- 다진 피스타치오 1작은술
  (또는 다른 견과류)
- 석류 약간(생략 가능)

양념

- 카레가루 2큰술
- 아몬드가루 2큰술
- 통밀크래커 곱게 간 것 1큰술
  (핀크리스프 트래디셔널 또는
  미주라 통밀크래커)
- 소금 1/2작은술
- 훈제 파프리카파우더 1/3작은술
  (또는 고운 고춧가루)
- 아보카도오일 4큰술
- 후춧가루 약간

소스

- 그릭요거트 약 1/2컵(60g)
- 물 2큰술
  (그릭요거트 농도에 따라 가감)
- 홀그레인 머스터드 1작은술

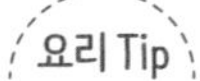

찌거나 굽는 과정 없이 오븐에서
한번에 쭉 익혀도 좋다.
과정 ②를 생략하고, 양념을 모두
바른 후 160°C로 예열한 오븐에서
40~45분간 굽는다.

1 콜리플라워는 잠길 만큼의 물
+ 식초(약간)에 푹 담가 15분간 둔다.

2 내열용기에 콜리플라워를 담고
뚜껑(또는 랩)을 덮어
전자레인지에서 4분간 살짝 익힌다.

3 작은 볼에 양념 재료를 섞는다.

4 그릇에 콜리플라워를 담고
양념을 고루 펴 바른다.
이때, 양념 1/3분량은 남겨둔다.

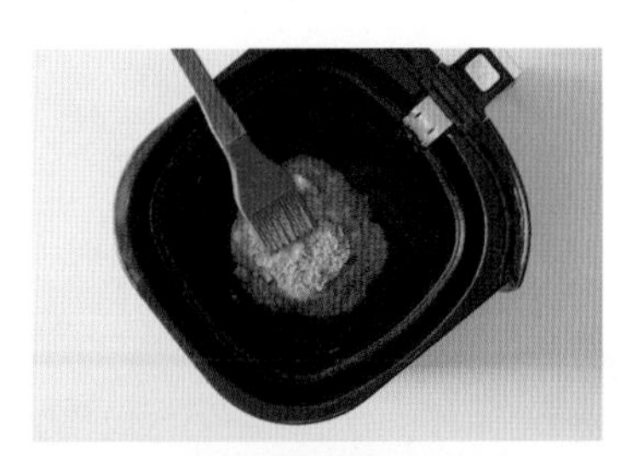

5 180°C로 예열한 에어프라이어에
넣고 10분간 굽는다. 남은 양념
1/3분량을 다시 펴 발라 젓가락으로
찔렀을 때 부드럽게 들어갈 때까지
5분간 노릇하게 굽는다.
* 에어프라이어는 3~5분,
오븐은 10분 정도 예열한다.

6 그릇에 콜리플라워를 담고 소스 재료를
섞어 붓는다. 다진 이탈리안 파슬리,
다진 피스타치오, 석류알을 뿌린다.
* 소스는 마요네즈 정도의 농도가
되도록 한다.

저수분 수육과 아몬드쌈장

돼지고기 목살을 물 없이 채소만으로 푹 익힌 저수분 수육을 소개합니다. 이렇게 조리하면 고기의 맛이 많이 빠져나가지 않고 찌듯이 조리되어 더욱 맛있지요. 특히 양파와 사과의 맛이 고기에 스며들어 부드러운 단맛이 돈답니다. 뭉근한 불에서 긴 시간 조리해야 하므로 타지 않도록 바닥이 두꺼운 냄비를 사용하세요.

2인분 / 50~55분

- 돼지고기 목살 500g
- 봄동 10장(손바닥 크기, 100g, 또는 깻잎, 알배기배추 등)
- 된장 1큰술
- 맛술 2큰술
- 사과 1/2개(100g)
- 양파 1/4개(50g)
- 대파 약 1/2대
- 마늘 10쪽(50g)
- 통후추 5알
- 아몬드쌈장 2큰술(40쪽)

1 사과는 껍질째 동그란 모양을 살려 0.5cm 두께로 썬다.

2 양파는 1cm 두께로 썰고. 대파는 10cm 길이로 썬다.

3 돼지고기 목살은 2~3등분한 후 된장과 버무린다.

4 냄비에 사과, 양파, 대파를 깔고 돼지고기 목살을 올린 후 마늘, 통후추, 맛술을 넣고 뚜껑을 덮어 가장 약한 불에서 45분간 익힌다. 한김 식힌 후 한입 크기로 썬다.
* 익으면서 채소에서 수분이 나올 수 있도록 약한 불에서 뭉근히 익히는 것이 좋다.

5 끓는 물(5컵) + 소금(약간)에 봄동을 넣고 30초간 데친 후 찬물에 헹궈 물기를 꼭 짠다.

6 봄동을 펼친 후 ④의 목살을 올려 돌돌 만다. 아몬드쌈장을 곁들인다.

닭고기압력찜과 구운 표고버섯 참깨무침

뽀얗고 오동통하게 잘 익은 닭다리를 씹는 재미가 있는 메뉴예요. 치아가 좋지 않거나 정갈하게 차리고 싶다면 닭다리 살을 발라서 통깨 소스에 버무려 냉채처럼 담아내도 됩니다.

2인분 / 30~35분

- 통 닭다리 2개
  (닭장각 7호 기준, 340g)
- 표고버섯 5개(125g)
- 꽈리고추 4개(20g)
- 양파 1/5개(40g)
- 소금 2꼬집
- 후춧가루 약간
- 올리브유 1큰술

닭 삶는 물
- 물 2와 1/2컵(500㎖)
- 양파 약 1/7개(30g)
- 대파 약 1/3대
- 마늘 6쪽(30g)
- 생강 1톨(10g)
- 통후추 3알

깨 소스
- 통깨 간 것 1큰술
- 맛간장 1큰술(33쪽)
- 식초 1/2큰술
- 올리고당 1작은술
- 참기름 1작은술

요리 Tip

닭은 무게에 따라 호수가 정해진다. 닭 한 마리 기준 7호는 700g, 8호는 800g, 9호는 900g, 10호는 1kg, 11호는 1.1kg이다.
재료의 닭장각은 7호 닭의 통 닭다리 2개이며, 없다면 다른 크기로 사용하되, 총양이 340g이 되도록 한다.

1 오븐은 180°C로 예열한다. 표고버섯은 밑동을 떼고 0.5cm 두께로 썬다.

2 꽈리고추는 어슷 썰고, 양파는 0.5cm 두께로 썬다.

3 볼에 표고버섯, 꽈리고추, 양파, 소금, 후춧가루, 올리브유를 넣고 버무린다.

4 오븐 팬에 펼쳐 넣고 180°C에서 예열한 오븐(또는 에어프라이어)에 넣고 10~12분간 노릇하게 굽는다.
* 에어프라이어는 3~5분, 오븐은 10분 정도 예열한다.
* 팬에서 구워도 된다.

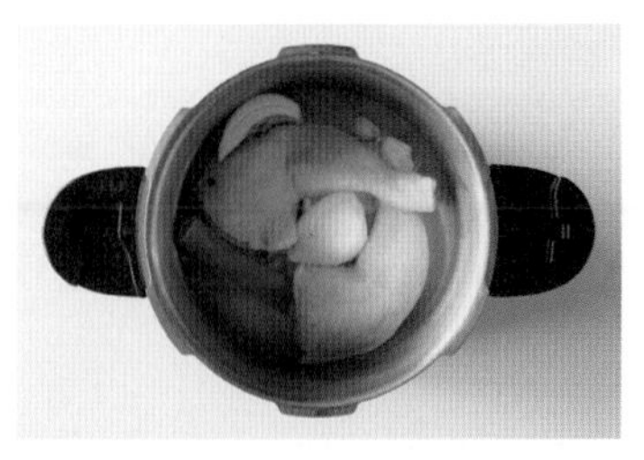

5 압력밥솥에 닭 삶는 물의 재료와 통 닭다리를 넣고 뚜껑을 덮어 센 불에서 끓이다가 추가 돌면서 소리가 나면 약한 불로 줄여 10~12분간 삶는다.

6 볼에 통깨 소스를 섞는다. 그릇에 살만 발라낸 닭다리살, ④의 구운 채소를 담고 깨 소스를 곁들인다.

방풍나물 새우연근쌈

중풍을 예방해주는 나물인 방풍나물은 향긋하면서도 쌉싸름한 맛이 특색이지요.
새우살을 넣고 무쳐낸 방풍나물을 살짝 데친 연근 위에 얹어보세요.
여기에 조금 색다른 소스를 곁들이면 일상에서 흔하게 먹던 나물이 특별한 요리가 됩니다.

2인분 / 25~30분

- 연근 1/5개(100g)
- 방풍나물 5줌
  (또는 참나물, 취나물,
  유채나물, 100g)
- 냉동 생새우살 4마리(80g)
- 다진 마늘 1/3작은술
- 아보카도오일
  1/2작은술 + 1/2작은술
- 소금 2꼬집

간장 캐슈마요소스

- 진간장 1/2작은술
- 캐슈너트마요네즈 2큰술
  (36쪽, 또는 일반 마요네즈)

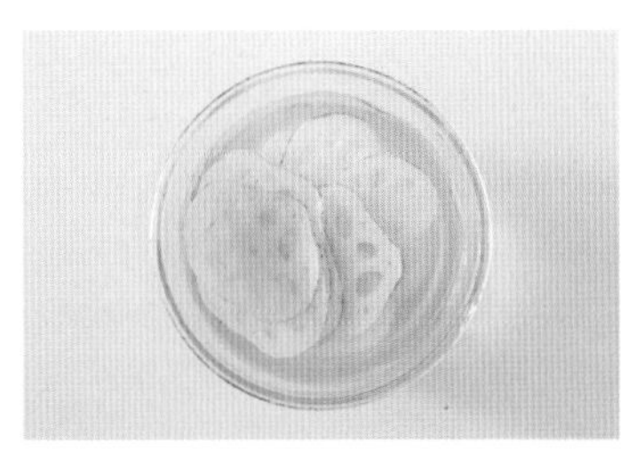

1 연근은 씻은 후 껍질째 0.1cm
두께로 최대한 얇게 썬다.
물(4컵) + 식초(약간)에 담가둔다.
* 슬라이서를 이용하면 얇게 썰 수 있다.
* 연근의 섬유질을 충분히 섭취하기
위해 껍질째 조리하는 것이 좋다.
* 연근을 식초물에 담가두면
색이 변하는 것을 막을 수 있다.

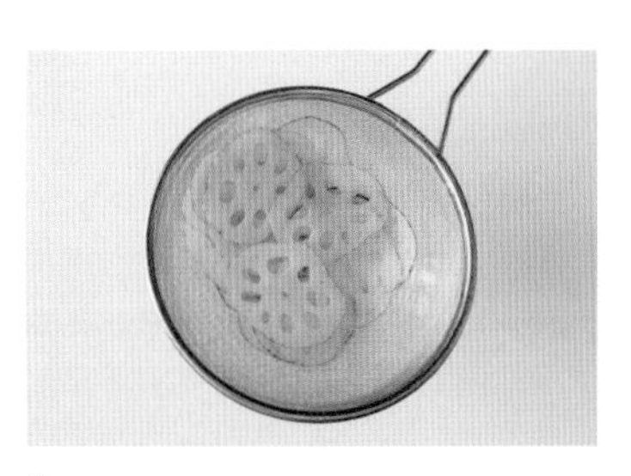

2 끓는 물(4컵) + 굵은소금(약간)에
연근을 넣고 30초간 데친 후
찬물에 담가 식힌다.
체에 밭쳐 물기를 뺀다.
볼에 간장 캐슈마요소스 재료를 섞는다.

3 방풍나물은 잎 모양을 따라
세 방향으로 찢어서 다듬고
억센 줄기는 없앤다.
끓는 물(4컵) + 소금(약간)에
방풍나물을 넣고 20초간 데친 후
찬물에 헹궈 물기를 꼭 짠다.

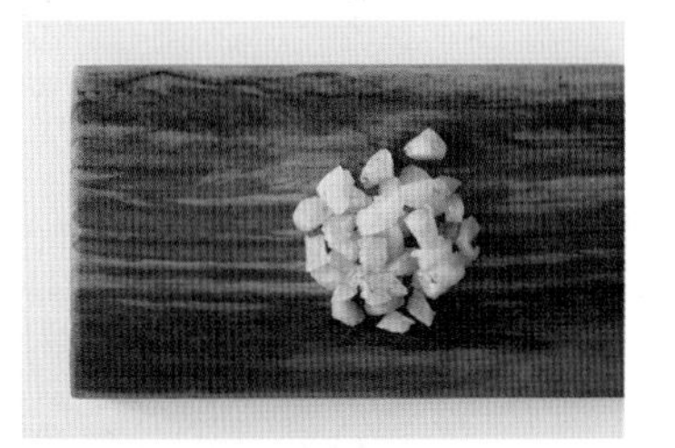

4 냉동 생새우살은 찬물에 10~15분간
담가 해동한 후 작게 썬다.
달군 팬에 아보카도오일(1/2작은술)을
두르고 새우를 넣어 약한 불에서
1~2분간 볶는다.

5 볼에 방풍나물, 다진 마늘,
아보카도오일(1/2작은술), 소금을
넣고 버무린 후 익힌 새우를 더한다.

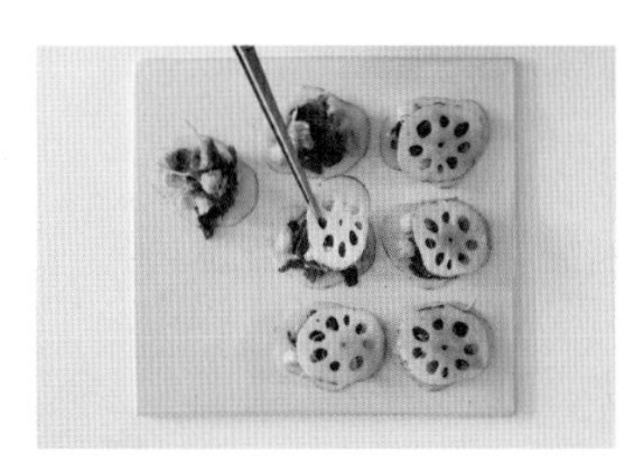

6 연근에 ⑤를 조금 얹고
다시 연근으로 덮는다. 그릇에 담고
간장 캐슈마요소스를 곁들인다.

레몬 생강소스 럼프스테이크

'럼프스테이크(rump steak)'는 지방이 적고 살코기 위주인 우둔살로 구워낸 스테이크를 말해요. 저는 보섭살(채받이살)을 사용했는데요, 정말 추천하는 부위지요. 뒷다리 중 운동량이 가장 적은 부위로 숙성의 유무가 중요합니다.
숙성이 잘 된 보섭살은 안심과 비교해도 될 만큼 아주 부드럽고 풍미가 좋거든요. 값은 안심의 절반 정도로 아주 저렴하고요.
스테이크는 먹을 때 감자, 빵, 파스타 등의 탄수화물만 곁들이지 않는다면 혈당에 큰 무리가 되지 않는답니다.

1인분 / 30~35분

- 쇠고기 보섭살 230g (또는 우둔살, 채끝등심, 등심, 안심)
- 표고버섯 2개(50g)
- 방울양배추 3개(90g)
- 꽈리고추 3개(15g)
- 홍고추 1/2개(5g)
- 편 썬 마늘 3쪽 분량(15g)
- 로즈메리 1줄기
- 올리브유 1작은술 + 1작은술
- 통후추 간 것 약간
- 기버터 1큰술(38쪽)
- 스테이크소금 2꼬집(또는 소금)

레몬 생강소스

- 생강 슬라이스 1~2개 분량(10g)
- 레몬 슬라이스 1/2개 분량
- 물 2큰술
- 진간장 1큰술
- 에리스리톨 스테비아 1/2큰술 (또는 알룰로스)
- 올리고당 1큰술

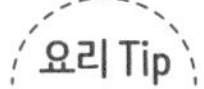

고기를 냉장실에서 바로 꺼내 차가운 상태로 구우면 가운데까지 열이 퍼지지 않으므로 미리 실온에 꺼내두었다가 조리하는 것이 좋다.

1 쇠고기는 실온에 30분간 두어 찬 기운을 없앤 후 키친타월로 물기를 톡톡 닦는다. 편 썬 마늘, 로즈메리, 올리브유(1작은술), 통후추 간 것을 앞뒤로 발라 10분간 둔다.

2 표고버섯은 밑동을 제거하고, 방울양배추는 2등분한다. 꽈리고추는 꼭지를 떼고, 홍고추는 송송 썬다.

3 팬을 충분히 달군 후 올리브유(1작은술)를 두르고 한번 더 달군다. ①의 쇠고기는 마늘, 로즈메리를 털어내고 팬에 넣어 중간 불에서 2~3분간 한쪽면을 노릇하게 구운 후 뒤집는다.

4 기버터, 표고버섯, 방울양배추, 꽈리고추를 넣고 녹은 버터를 끼얹어가며 중간 불에서 3분간 굽는다. 그릇에 덜어둔다.

5 팬의 기름을 닦아낸 후 레몬 생강소스 재료를 넣고 센 불에서 2~3분간 점성이 생길 때까지 끓인다.

6 ④의 구운 쇠고기는 0.5cm 두께로 썬다. 그릇에 채소, 홍고추와 함께 담고 레몬 생강소스를 곁들인다.

콩나물 아귀수육

아귀요리라고 하면 왠지 굉장히 어려워보이지요? 전혀 그렇지 않습니다. 소개해드리는 아귀수육은 정말 간단하면서도 내공도 있어 보이는 요리지요. 매콤한 아귀찜도 맛있지만, 아무래도 양념이 진한 요리는 밥과 함께 먹게 되기 때문에 과한 탄수화물 섭취로 이어질 수 있어요. 그래서 콩나물과 무, 미나리를 함께 넣고 살짝 쪄 산뜻한 소스에 찍어 먹는 아귀수육을 추천해요. 양념이 단순할수록 재료의 신선도에 따라 맛의 차이가 크니 꼭 신선한 생물 아귀로 만들 것을 권합니다.

1인분 / 25~30분

- 생물 아귀 200g(손질된 것)
- 콩나물 2줌(100g)
- 무 100g
- 미나리 1줌(50g)
- 청주 1큰술

소스

- 다진 마늘 1/3작은술
- 국간장 1작은술
- 진간장 1작은술
- 에리스리톨 스테비아 1/2작은술 (또는 알룰로스)
- 식초 1작은술
- 물 1작은술
- 들기름 1작은술

1 미나리는 잎을 떼고 줄기만 5cm 길이로 썰고, 콩나물은 머리를 뗀다. 무는 큼직하게 0.5cm 두께로 납작하게 썬다.
* 미나리 잎, 콩나물 머리를 떼어내면 요리가 더 깔끔해지나, 그대로 다 넣어도 좋다.

2 아귀는 흐르는 물에 깨끗이 씻는다.

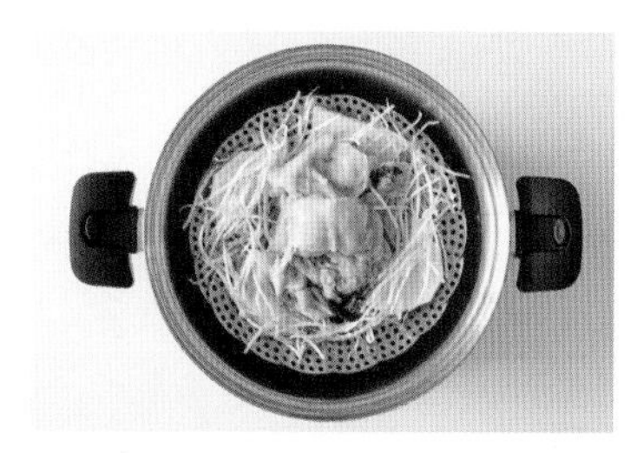

3 찜기에 물(1컵) + 청주(1큰술)를 넣고 끓어오르면 무 → 콩나물 → 아귀 순으로 펼쳐 올려 뚜껑을 덮고 중간 불에서 10분간 익힌다.

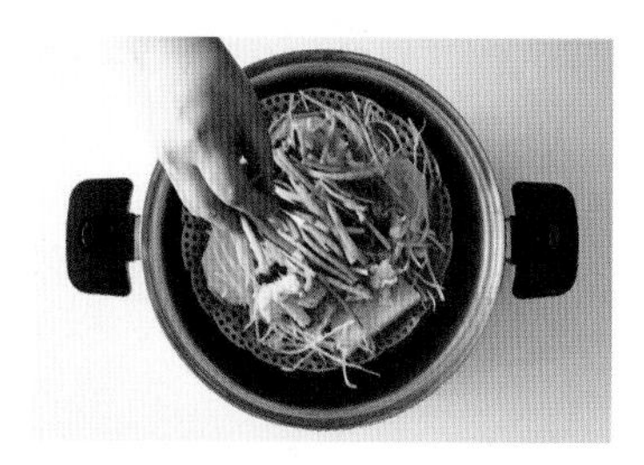

4 미나리를 얹고 다시 뚜껑을 덮어 2분간 익힌다.

5 소스 재료를 섞어 곁들인다.

요리 Tip

감칠맛, 깔끔한 짠맛을 내지만 달지 않은 국간장과 달고 진득한 짠맛을 내는 진간장 두 가지를 함께 사용해 좀 더 깊은 맛을 냈다.

연어 세비체

'세비체(ceviche)'는 해산물을 얇게 썰어서 레몬이나 라임즙에 재워 차갑게 먹는 중남미 지역의 대표 음식이에요. 주재료인 연어를 다시마로 숙성시켜 더 깊은 맛을 냈습니다. 저는 세비체를 먹을 때 삶은 고구마나 파프리카, 양파, 오이 등의 채소를 잘게 썰어 함께 곁들이기도 합니다.

470 kcal
탄수화물 23%
지방 41%
단백질 36%
식이섬유 8.50g/34%
나트륨 890.9mg

1인분 / 10~15분(+ 연어 숙성 시키기 2시간)

- 와일드루꼴라 10g
- 케이퍼베리 2알
  (또는 케이퍼)
- 양파 1/5개(40g)
- 레몬 1/4개(25g)
- 올리브유 1큰술
- 오일드레싱 1큰술(35쪽)
- 양파들깨크림소스 2큰술(37쪽)
- 소금 1꼬집
- 통후추 약간

다시마숙성 연어

- 생연어 200g
- 건다시마 10×10cm 2장
- 청주 1작은술
- 소금 1꼬집
- 레몬 슬라이스 2개

샐러드채소 50g을 더해 샐러드로 즐기거나, 현미밥 100~120g에 더해 하와이안 포케처럼 만들어도 좋다.

1 도마에 다시마(1장)를 깔고 생연어를 올린 후 청주, 소금, 레몬 슬라이스를 얹는다.

2 다시마(1장)로 덮은 후 용기에 담아 2시간 정도 냉장실에서 숙성시켜 다시마숙성 연어를 만든다.

3 레몬은 한입 크기로 썬다. 양파는 동그란 모양을 살려 얇게 썬 후 찬물에 5분간 담가 매운맛을 없애고 물기를 뺀다.

4 ②의 연어는 한입 크기로 썬다.

5 그릇에 연어를 담는다.

6 모든 재료를 담고 오일드레싱은 연어에, 양파들깨크림소스는 양파에 뿌려서 연어와 양파를 함께 먹는다.

프라이팬 흰살생선 파피요뜨

'파피요뜨(papillote)'는 프랑스어로 포장지를 뜻합니다. 사탕을 포장하듯 해산물과 채소를 종이포일로 감싸 오븐에서 익히는 요리인데 오븐 없이 팬으로 만들 수 있는 방법을 알려드릴게요. 종이포일로 완전히 감싸야 열이 밖으로 빠져나오지 않아 스팀으로 찌듯이 촉촉한 식감의 요리를 즐길 수 있답니다.

1인분 / 20~25분

- 냉동 흰살생선 1조각 (틸라피아, 연어, 대구, 가자미 등, 135g)
- 새우 2마리 (대하, 60g)
- 가리비 4개(120g)
- 양파 1/5개(40g)
- 대파 1/2대
- 레몬 슬라이스 3개
- 스테이크소금 3꼬집 (또는 소금)
- 로즈메리 1줄기
- 기버터 1/2큰술(38쪽)
- 화이트와인 2큰술 (또는 청주)

딜 & 케이퍼소스

- 오일드레싱 1큰술(35쪽)
- 다진 딜 1줄기
- 다진 케이퍼 1/3작은술

1 양파는 채 썰고, 대파는 양파와 비슷한 크기로 썬다.

2 냉동 흰살생선은 해동한 후 물기를 닦아낸다. 가리비는 깨끗하게 씻어 준비한다.

3 새우는 꼬리의 물총을 떼어내고 수염, 껍질을 제거한다. 이쑤시개로 등쪽 두번째 마디를 찔러 내장을 빼낸다.

4 종이포일을 40cm 길이로 3장 자른다. 종이포일 2장을 겹쳐 깔고 양파, 대파 → 냉동 흰살생선 순으로 올리고 스테이크소금을 뿌린다. 그 위에 새우, 가리비 → 레몬 슬라이스, 로즈메리, 기버터 순으로 올린다.

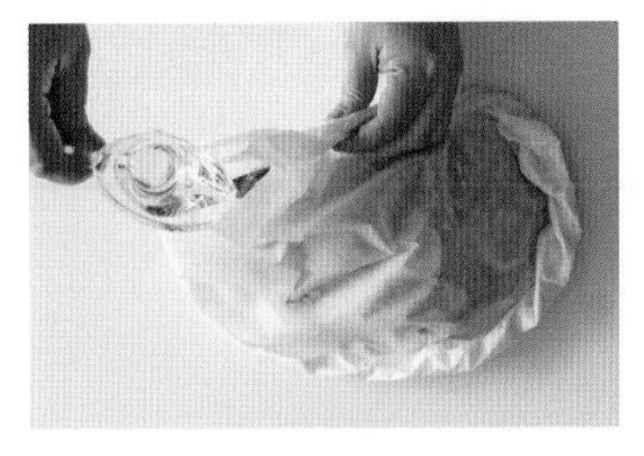

5 다시 종이포일 1장을 올리고 잘 여민 후 가장자리를 꼼꼼하게 감싼다. 이때, 한쪽을 살짝 열어 화이트와인을 넣고 다시 꼼꼼하게 여민다.

6 뚜껑이 있는 팬에 ⑤를 넣고 뚜껑을 덮어 약한 불에서 12~13분간 익힌다. 딜 & 케이퍼소스를 곁들인다.
* 완성된 파피요뜨는 종이포일 그대로 그릇에 담고 가위로 종이포일 윗면을 잘라낸다.

요리 Tip

- 팬 대신 오븐을 사용해도 좋다. 과정 ⑤까지 진행한 후 200°C로 예열한 오븐에 넣고 30분 정도 익힌다.
- 바지락, 모시조개, 동죽 등의 조개류나 셀러리, 당근, 토마토, 버섯, 바질, 이탈리안 파슬리, 쪽파 등의 채소를 더하거나 대체해도 좋다.

병아리콩 새우볼과 흑임자랜치소스

불린 병아리콩, 채소, 향신료를 함께 갈아서 둥글게 뭉쳐 튀겨낸 중동음식 '팔라펠(falafel)'을 응용해 만든 메뉴예요. 한국 사람 입맛에 낯선 향신료는 빼고 새우살을 다져 넣어 튀김에 대한 욕구가 차오를 때 먹기 좋은, 비교적 건강한 튀김요리죠. 칼로리가 높으니 한 번에 4개 이상 섭취하지 않도록 노력하세요. 너무 맛있어서 참기가 좀 어렵긴 하겠지만요.

3인분(14~15개 분량) / 15~20분(+ 병아리콩 불리기 8시간)

- 병아리콩 150g(불리기 전)
- 생새우살 5마리(100g)
- 다진 양파 1과 1/2큰술
- 다진 파 2큰술
- 다진 마늘 1큰술
- 소금 1/2작은술
- 후춧가루 약간
- 흑임자랜치소스 3큰술(37쪽)
- 아보카도오일 1컵(200㎖)

생새우살은 동량(100g)의 닭안심, 오징어, 대구살, 버섯 등으로 대체해도 좋다.

1 볼에 병아리콩, 물(4와 1/2컵)을 담고 냉장실에서 8시간 정도 불린다.
* 병아리콩을 불릴 때는 충분히 넉넉한 양의 물에 넣어야 한다.

2 생새우살은 굵게 다진다.

3 병아리콩은 체에 밭쳐 물기를 뺀 후 믹서에 넣고 1분~1분 30초 정도 덩어리가 없도록 곱게 간다.

4 볼에 병아리콩, 생새우살, 다진 양파, 다진 파, 다진 마늘, 소금, 후춧가루를 넣고 치대어가며 충분히 반죽한 후 동그랑땡 모양으로 14~15개 정도 만든다.

5 냄비에 아보카도오일을 넣고 160~165°C의 온도가 되도록 끓인다. ④의 반죽을 살살 넣고 중간 불에서 3~5분간 뒤집어가며 노릇하게 튀긴다. 그릇에 담고 흑임자랜치소스를 곁들인다.

Chapter 5

Drink & Snack

음료 & 간식

대부분의 간식류는 정제당 함량이 높아서 주의해야 하지만
단맛을 줄이고 식이섬유 비중을 높이면 보다 건강하게 즐길 수 있어요.
음료 역시 마찬가지. 음료로 섭취되는 당은 흡수가 빠르기 때문에
혈당을 아주 급격하게 올리므로 직접 만들어 먹는 것을 추천해요.

알아두면 좋은 저탄수 음료 & 간식 특징

시판 음료로 섭취되는 당은 흡수가 빨라 혈당을 급격하게 올려요.
잘 선택해서 마시는 것이 무엇보다 중요하지요.

[마셔도 되는 것]

아메리카노 혈당을 크게 올리지 않아 부담 없이 마실 수 있지만
설탕, 시럽을 추가하면 안 돼요.

녹차, 홍차 당분과 열량이 낮은 것으로 잘 고르세요.

탄산수 당이 가미되지 않은 것으로 추천해요.

[특히 마시면 안 되는 것]

커피믹스나 캔커피 프림과 설탕이 다량 들어있어서 피해야 합니다.

그외 각종 시판 음료 과당, 첨가물이 대부분 들어 있기에 피하는 것이 좋습니다.

저탄수 간식에는 흰밀가루나 정제된 설탕 대신 각종 곡물 가루를 주재료로
사용했어요. 아마씨가루, 통들깨, 차전자피가루, 그리고 오트밀, 아몬드가루까지.
구매 용량이 큰 제품이라도 저탄수 균형식을 하는 동안은 계속 활용할 재료들이므로
꼭 갖춰두길 추천합니다.

아몬드밀크

고소한 맛이 참 좋은 아몬드밀크를 소개합니다.
그대로 마셔도 맛있고, 다양한 요리의 재료로도 좋습니다.

5잔 분량 / 5분 / 냉장 3일

- 아몬드가루 약 2와 1/2컵(200g)
- 물 5컵(1ℓ)
- 올리고당 약 3큰술(50g)
- 바닐라 엑스트랙 1/2작은술 (생략 가능)
- MCT 오일 약 1작은술(5g)

1 푸드프로세서에 모든 재료를 넣고 곱게 갈아준다.

2 깨끗한 면보에 담아 꾹 눌러 짠다.

탄수화물 21%
지방 69%
단백질 10%
279 kcal

식이섬유 7.75g/31%
나트륨 1.6mg

영양 Tip

MCT 오일은 올리브유, 아보카도오일에 비해 칼로리가 낮고 염증을 완화시키며 콜레스테롤 수치를 낮추는데 좋은 기름이다. 소화 흡수되는 속도가 빨라 체지방으로 축적되지 않고 에너지원으로 바로 소비되는 장점도 있다. 열을 가하는 음식보다는 생으로 먹는 요리에 곁들이는 게 좋다.

아보카도 바나나 쉐이크 & 커피

아보카도가 넉넉할 때면 과육만 손질, 냉동해두었다가 음료로 만들어 먹곤 해요.
아보카도에 바나나와 아몬드밀크만 더해 쉐이크로 마셔도 좋고, 거기에 에스프레소를 추가해도 맛있어요.

2잔 분량 / 5분

아보카도 바나나 쉐이크

- 냉동 아보카도 과육 1/3~1/2개분(50g)
- 덜 익은 바나나 1/2개(50g)
- 아몬드밀크 1/4컵(50㎖, 190쪽)
- 올리고당 1큰술

아보카도 바나나 커피(추가 재료)

- 에스프레소 1샷(40㎖)

1. 바나나는 껍질을 벗긴다.
2. 푸드프로세서에 아보카도, 바나나, 아몬드밀크, 올리고당을 넣고 곱게 갈아 잔에 나눠 담아 쉐이크로 즐긴다.
3. ②의 아보카도 바나나 쉐이크에 에스프레소를 더해 아보카도 바나나 커피로 마셔도 좋다.

식이섬유 5.57g/22%

나트륨 2.6mg

요리 Tip

아몬드밀크는 동량(1/4컵)의 무가당 두유나 오트우유로 대체해도 좋다.

애플사이다 비네거에이드

그냥 마시기 살짝 부담스러운 애플사이다 비네거 음료. 여기에 사과를 잘게 다져 넣고 로즈메리와 레몬으로 향긋함을 더해 더 특별하게 만들었어요. 생수 대신 탄산수를 넣어 펀치로 마셔도 맛있어요.

1잔 분량 / 5분

- 사과 약 1/7개(30g)
- 애플사이다 비네거 1/4컵(50㎖)
- 알룰로스 1큰술(18g)
- 레몬 슬라이스 2조각(10g)
- 로즈메리 2줄기
- 블루베리 3알(6g)
- 생수 1/2컵(100㎖)
- 얼음 1컵

1. 사과는 껍질째 씻은 후 잘게 다진다.
2. 컵에 얼음을 채우고 애플사이다 비네거, 알룰로스, 레몬 슬라이스를 넣는다.
3. 분량의 생수를 붓고 위에 다진 사과, 로즈메리, 블루베리를 올린다.

43 kcal
탄수화물 89%
지방 7%
단백질 4%
식이섬유 1.22g/5%
나트륨 59.5mg

요리 Tip

애플사이다 비네거는 사과로 만든 와인 중 하나인 애플사이다를 발효시켜 얻은 식초이다. 천연 발효식초인 만큼 인슐린 민감도를 개선하고 혈중 콜레스테롤과 혈당을 낮추는 데 좋은 식재료이다.

그릭 토마토

그릭요거트를 꾹꾹 눌러 채운 토마토에 저탄수 오트그래놀라(64쪽)를 곁들이면 적절한 단맛이 더해져 더 맛있게 먹을 수 있어요. 좀 더 근사한 요리처럼 먹고 싶은 날에는 레몬제스트와 딜, 통후추 간 것을 더하기도 한답니다. 단맛을 뺀 음식에 익숙해지면 시럽 없이도 충분히 먹을 수 있지만 아직 어렵다면 레몬즙을 섞은 올리고당이나 알룰로스를 뿌려보세요.

1인분 / 10~15분

- 완숙 토마토 1개 (중간 크기, 150g)
- 그릭요거트 80g
- 저탄수 오트그래놀라 30g(64쪽)
- 알룰로스 1/2큰술
- 레몬즙 1작은술

1. 토마토는 꼭지를 제거하고 반대쪽에 열십(+) 자로 칼집을 낸다.
2. 끓는 물에 칼집이 푹 잠기도록 넣고 30초간 데친 후 바로 찬물에 담가 껍질을 벗긴다.
3. 토마토 꼭지 쪽을 살짝 도려낸 후 속을 파낸다.
4. 파낸 토마토에 그릭요거트를 꾹꾹 눌러 채운다.
5. 그릇에 오트그래놀라를 담고 ④를 올린다. 알룰로스, 레몬즙을 섞어서 뿌린다.

식이섬유 3.14g/13%

나트륨 48.6mg

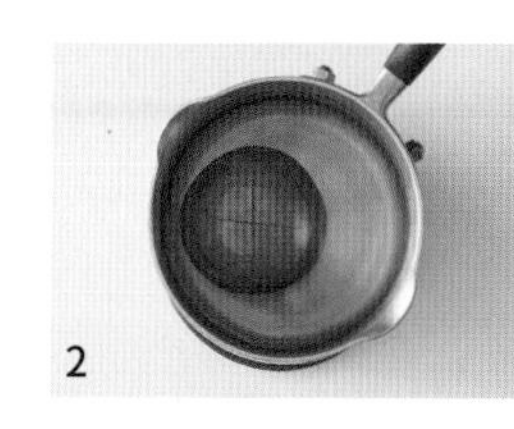
2

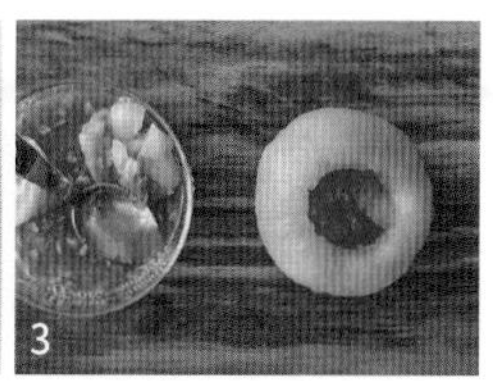
3

영양 Tip

말린 과일보다 생과일(또는 냉동과일)을 더하는 것이 당 섭취를 줄일 수 있다. 또한 무르고 달콤한 과일보다는 새콤한 과일 위주로 토핑하는것이 혈당 관리에 더 좋다.

프로즌 요거트 바크

'바크(bark)'는 나무껍질이라는 뜻이에요. 판판하게 펼친 그릭요거트 위에 다양한 토핑을 얹어 얼린 덕분에 표면이 나무껍질처럼 거칠고 투박한 모습이라서 바크라는 이름이 붙었지요. 혈관 건강에 좋은 피스타치오와 블루베리, 비교적 혈당을 덜 높이는 새콤한 딸기를 얹어서 만들어 보았습니다. 아이스크림이 너무 먹고 싶은 여름에 특히 추천해요.

12회 분량 / 10~15분(+ 얼리기 5시간) / 냉동 2개월

- 그릭요거트 4컵(400g)
- 생수 1/2컵(100㎖)
- 레몬즙 1큰술
- 알룰로스 2큰술
- 바닐라 익스트랙 1/3작은술 (생략 가능)
- 소금 2꼬집
- 블루베리 1/2컵(50g)
- 딸기 5개
- 피스타치오 15g

1. 볼에 그릭요거트, 생수(1/2컵), 레몬즙, 알룰로스, 바닐라 익스트랙, 소금을 넣고 부드러운 크림치즈의 농도가 되도록 거품기로 잘 푼다.
2. 스테인리스 팬에 종이포일를 깔고 ①을 부어 넓게 펼친다.
   * 스테인레스 팬을 사용해야 열 전도율이 높아 더 빨리 언다.
3. 블루베리와 딸기, 피스타치오를 군데군데 올려 냉동실에서 5시간 얼린다.
4. 칼로 쪼개듯이 큼직하게 잘라서 밀폐용기에 담아 냉동 보관한다.

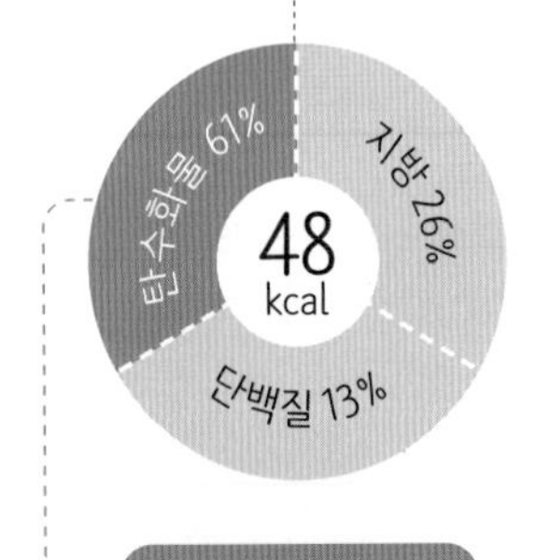

식이섬유 0.45g/2%

나트륨 17mg

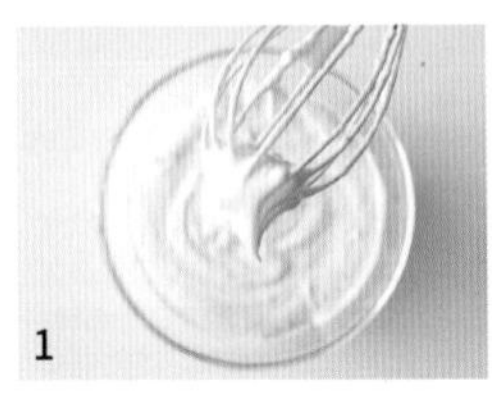
1

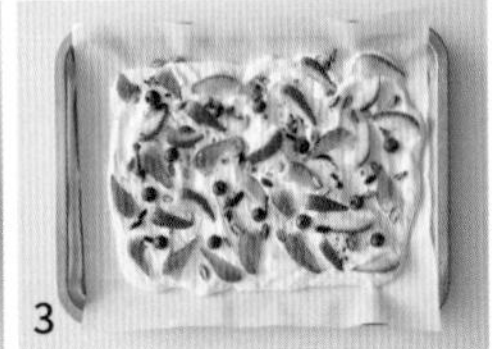
3

영양 Tip

초콜릿에 들어있는 폴리페놀과 마그네슘은 신체의 혈류를 조절해 혈압을 개선시키고 인슐린 민감도를 높여주는 좋은 식재료이다. 다만 초콜릿 종류에 따라 당이나 지방 함량이 높을 수 있으므로 카카오 함량이 적어도 60% 이상이고 단맛이 적은 다크초콜릿을 선택하는 것이 좋다.

요리 Tip

아몬드버터는 직접 만들어서 사용하면 된다. 작은 푸드프로세서에 아몬드를 넣고 30초 정도 간 후 주걱으로 싹 모으고, 다시 30초 가는 과정을 아몬드에서 나온 지방으로 점점 뭉쳐지며 갈아질 때까지 3~4회 정도 반복한다. 오트밀에 두유와 함께 더하거나 아보카도스무디에 함께 넣어도 맛있고, 그릭요거트에 곁들여도 좋다.

오트바

무언가가 땡기는 순간, 미리 건강한 간식거리를 준비해두지 않으면 눈에 보이는 것을 마구 먹게 되는 때가 있어요. 그때의 상실감은 엄청나죠. 당과 탄수화물을 줄여 건강하게 만든 오트바를 넉넉하게 만들어 냉동실에 보관해두세요. 건강한 식단을 이어가는데 큰 도움이 된답니다.

10회 분량(10개) / 30~35분 / 냉동 2개월

- 아몬드버터 120g
- 덜 익은 바나나 3개(300g)
- 오트밀(점보) 300g
- 소금 2꼬집
- 다크초콜릿칩 1/3컵 (카카오 함량이 60% 이상인 제품, 50g)

1 오븐은 180°C로 예열한다.

2 큰 볼에 바나나를 넣고 으깬다. 나머지 재료를 모두 넣고 가볍게 섞는다.
* 오트밀이 들어간 반죽은 가볍게 섞어야 떡처럼 질퍽해지지 않는다.

3 15×15×3cm 크기의 직사각형 오븐 팬에 종이포일을 깔고 ②의 반죽을 붓는다.

4 180°C로 예열한 오븐에서 25분간 구워 한김 식힌 다음 직사각형 모양으로 썬다.

식이섬유 3.46g/14%

나트륨 8.4mg

2

3

오트밀 브라우니

밀가루 대신 아마씨가루(플렉스씨드)와 오트밀로 만든 브라우니입니다.
오트밀의 입자가 살아있어 식감이 조금 낯설 수도 있지만 천천히 꼭꼭 씹어 먹다 보면
은은하게 올라오는 단맛과 초콜릿의 풍미, 아마씨의 향이 아주 매력적이에요.

6회 분량 / 1시간~1시간 5분 / 냉동 2개월

- 땅콩버터 1/3컵(75g, 39쪽)
- 조청 1/4컵(70g)
- 소금 2꼬집
- 바닐라 익스트랙 1작은술
  (5g, 생략 가능)
- 아몬드밀크 2컵(400㎖, 190쪽)
- 오트밀 160g
- 무가당 코코아파우더 1/4컵(15g)
- 베이킹파우더 1작은술
- 아마씨가루 1작은술
- 다크 초콜릿칩 1/3컵
  (카카오 함량이 60% 이상인 제품, 50g)

1 오븐은 180°C로 예열한다.
볼에 땅콩버터, 조청, 소금, 바닐라 익스트랙을 넣고 핸드믹서로 푼다.

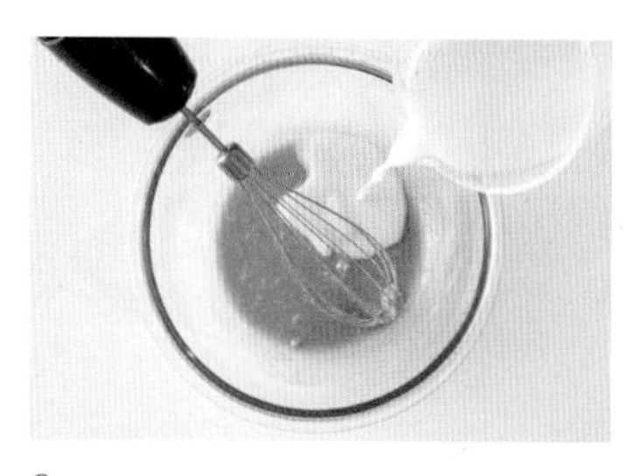

2 아몬드밀크를 조금씩 넣어가며 잘 푼다.

3 오트밀, 코코아파우더, 베이킹파우더, 아마씨가루를 넣고 잘 섞는다.
다크 초콜릿칩을 넣고 섞는다.

4 18×25×4cm 크기의 직사각형 내열용기에 ③의 반죽을 붓고 윗면을 정리한다.

5 180°C로 예열된 오븐에서 가운데가 살짝 촉촉한 상태가 될 때까지 50분간 굽는다. 그릇째 한김 식힌 후 6등분한다.

요리 Tip

아마씨가루는 씨앗이자 향신료로 사용되는 식재료이다. 오메가3 지방산이 풍부해서 심혈관계 질환을 예방해주고 리그난이라는 성분이 인슐린 감수성을 개선시켜 당뇨에 도움이 된다.
단, 생으로 먹으면 독성이 있기 때문에 익혀 먹고, 산패가 빠르므로 밀폐해서 냉동 보관하는 것이 좋다.

차전자피 치즈크래커

고소하고 담백한 맛의 저탄수 크래커예요.
구운 직후에는 눅눅하지만 두 번 구워 한김 식히면 바삭바삭해진답니다.
반죽 두께에 따라 굽는 시간은 조절하세요.

590 kcal
탄수화물 18%
지방 70%
단백질 12%

식이섬유 18.40g/74%
나트륨 235.6mg

4회 분량(400g) / 50~55분 / 실온 1주, 냉동 2개월

- 아마씨가루 1컵(100g)
- 볶지 않은 통들깨 1/4컵
  (또는 통깨, 25g)
- 견과류 110g
- 차전자피가루 1/2컵(40g)
- 아몬드가루 1/4컵(30g)
- 슈레드 치즈 90g
  (모짜렐라, 체다 믹스)
- 달걀 1개(55g)
- 물 1/3컵(약 70mℓ)
- 올리브유 1/3컵(약 70mℓ)

- 차전피가루는 차전자(질경이과 식물의 씨앗) 껍질로 만든 것으로 80%가 식이섬유라서 포만감을 오래 유지시켜준다. 물과 만나면 40배 정도 팽창하기 때문에 차전자피로 만든 음식을 먹고 나서는 물을 충분히 마셔주는 것이 좋다.
- 아마씨가루는 씨앗이자 향신료로 사용되는 식재료이다. 오메가3 지방산이 풍부해서 심혈관계 질환을 예방하고 리그난이라는 성분이 인슐린 감수성을 개선시켜 당뇨에 도움이 된다. 단, 생으로 먹으면 독성이 있기 때문에 익혀 먹고, 산패가 빠르므로 밀폐해서 냉동 보관하는 것이 좋다.

1 오븐은 180°C로 예열한다.
볼에 아마씨가루, 통들깨, 견과류, 차전자피가루, 아몬드가루, 슈레드 치즈를 넣고 섞는다.

2 다른 볼에 달걀, 물(1/3컵), 올리브유를 섞은 후 ①에 넣고 날가루가 없도록 충분히 섞는다.

3 오븐 팬에 종이포일를 깐 후 ②를 붓고 손으로 눌러 넓게 펼친다.

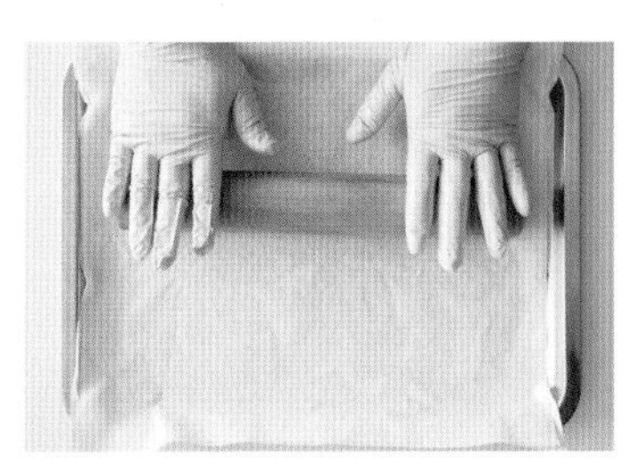

4 반죽 위에 종이포일를 한 장 덮고 밀대로 밀어 최대한 얇게 밀어 편다.

5 180°C로 예열한 오븐에 넣고 30분간 구운 후 꺼내 한김 식히고 먹기 좋은 크기로 부순다.

6 다시 오븐 팬에 올려 160°C 오븐에서 10~20분 바삭하게 구운 후 식힘망에 올려 한김 식힌다.

크리스피 병아리콩

에어프라이어에 구워낸 크리스피 병아리콩은 입이 심심할 때 먹는 간식으로도 좋지만,
샐러드 토핑으로도 훌륭해요. 카레가루 대신 다양한 시즈닝을 활용해보세요. 색다른 맛을 즐길 수 있어요.

3회 분량(300g) / 30~35분(+ 병아리콩 불리기 8시간) / 실온 2주, 냉동 3개월

- 병아리콩 300g(불리기 전)
- 베이킹소다 3꼬집(생략 가능)
- 올리브유 3큰술
- 카레가루 2큰술

1 볼에 병아리콩, 물(4와 1/2컵)을 담고 냉장실에서 8시간 정도 불린다.
* 병아리콩을 불릴 때는 충분히 넉넉한 양의 물을 넣어야 한다.

2 냄비에 병아리콩, 불린 물을 그대로 담고 베이킹소다를 더한다.
센 불에서 끓어오르면 약한 불로 줄여 10분간 삶은 후 체에 밭쳐 물기를 뺀다.
* 베이킹소다를 넣으면 콩을 먹고 나서 생기는 특유의 복부 팽만감을 없앨 수 있다.

3 볼에 삶은 병아리콩, 올리브유, 카레가루를 넣고 버무린다.

4 180℃로 예열한 에어프라이어 (또는 오븐)에 넣고 20분간 굽는다.
섞은 후 10분간 더 굽고 실온에서 한김 식힌다.
* 에어프라이어는 3~5분, 오븐은 10분 정도 예열한다.

사과당근 저탄수케이크

설탕 없이 사과와 당근으로 단맛을 내고 밀가루 없이 달걀과 아몬드가루로 만든 저탄수 케이크를 소개할게요. 전자레인지로 만들 수 있어 더 쉽고 간편하지요. 생크림 대신 요거트 크림으로 장식해 건강도 챙겼습니다.

6회 분량 / 30~35분 / 실온 1주, 냉동 2개월

- 사과 170g
- 당근 170g + 30g
- 달걀 4개(200g)
- 계피가루 1작은술(2g)
- 바닐라 익스트랙 1/2작은술 (생략 가능)
- 소금 1꼬집
- 아몬드가루 약 2컵(150g)
- 기버터 1작은술(38쪽)

요거트 크림
- 그릭요거트 100g
- 물 3큰술 (그릭요거트 농도에 따라 가감)

토핑(생략 가능)
- 블루베리 약간
- 피스타치오 약간
- 허브(애플민트, 타임 등) 약간

요리 Tip

시판 아몬드가루를 사용하면 아주 밀도 높고 부드러운 치즈케이크의 식감이 되고, 직접 통아몬드를 갈아서 사용하면 식감은 약간 거칠지만 단면이 당근케이크와 아주 흡사하게 나온다. 단, 아몬드를 직접 갈아서 사용할 경우 과정 ⑤에서 익히는 시간을 8~10분으로 조정한다.

1 사과, 당근(170g)은 사방 1.5cm 크기로 깍뚝 썬다. 당근(30g)은 토핑용으로 작게 썬다.

2 푸드프로세서에 사과, 당근(170g), 달걀, 계피가루, 바닐라 익스트랙, 소금, 아몬드가루를 더해 당근, 사과가 완전히 갈리도록 1분 정도 갈아준다.
* 믹서 아래쪽에 아몬드가루가 있으면 잘 갈리지 않을 수 있으므로 제일 위에 올리는 것이 좋다.

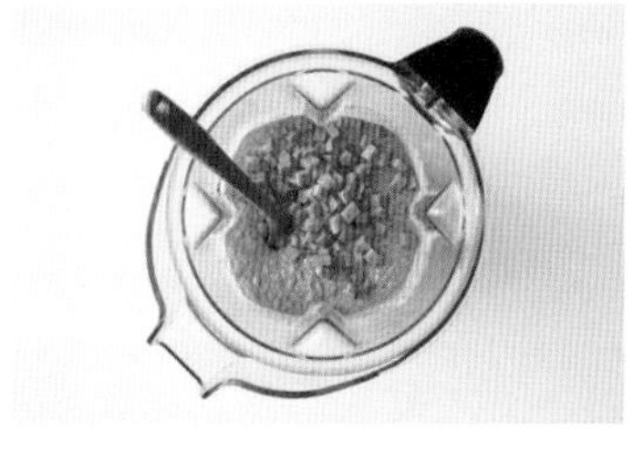

3 ②의 반죽에 토핑용 당근 30g을 넣고 주걱으로 고루 섞는다.

4 내열용기 안쪽에 기버터를 손 또는 붓으로 골고루 펴 바른다.

5 ③의 반죽을 붓고 윗면을 고르게 펴서 뚜껑을 덮어 전자레인지에서 10~12분간 젓가락으로 찔렀을 때 반죽이 묻어나오지 않을 때까지 익힌다. 식힘망에 올려 한김 식힌다.
* 뚜껑이 없다면 랩을 씌운 후 포크로 구멍을 다섯 개 정도 뚫어도 좋다.

6 볼에 그릭요거트를 넣고 물을 조금씩 더해가며 거품기로 풀어준다. ⑤에 펴 바른 후 토핑 재료로 장식한다.

[단백질 재료]

쇠고기

돼지고기

닭고기

새우

오징어

생선 & 조개

달걀

두부

두부면

병아리콩 & 렌틸콩

그릭요거트

[채소 & 과일 & 견과]

이 책과 함께 보면 좋은 **'건강 잡는' 요리책 시리즈**

〈 뱃살 잡는 Low GL 다이어트 요리책 〉

뱃살 빼는 요리는 따로 있다!
요요 없고 실천 쉬운 다이어트 식사법

- ☑ 그대로 따라 하면 뱃살이 빠지는 Low GL 다이어트 요리 95가지와 저염국 저염샐러드 8가지
- ☑ 과학적인 분석으로 모든 메뉴 20GL, 500kcal 이하로 구성
- ☑ 이론편과 실전편으로 나누어 다이어트 원리와 실천법을 알기 쉽게 소개
- ☑ 매일매일 맛있게 즐길 수 있는 밥 요리부터 색다르게 먹으면서 실천할 수 있는 샐러드, 면 요리, 일품 요리까지

건강하게 나이 드는 방법은 따로 있다!
헬시에이징 식재료와 레시피로 똑똑한 편식

- ☑ 헬시에이징 식재료 72가지를 활용한 건강 레시피 103가지
- ☑ 이론편, 식재료편, 레시피편으로 나눠 노화 증상을 효과적으로 늦출 수 있는 헬시에이징 실천법 제시
- ☑ 영양소 파괴는 최소로, 체내 흡수는 최대로 끌어올리는 과학적인 조리법 적용
- ☑ 헬시에이징 식재료를 3가지 이상 조합한 밥, 반찬 국물, 샐러드, 면, 보양식, 간식, 음료 소개

〈 헬시에이징 식사법 노화 잡는 건강한 편식 〉

당뇨와 고혈압 잡는 저탄수 균형식 다이어트

1판 1쇄 펴낸 날 2023년 7월 13일
1판 4쇄 펴낸 날 2024년 12월 27일

편집장 김상애
편집 이소민
디자인 원유경
사진보정 및 표지 촬영 박형인(studio TOM)
사진과 글 윤지아(어시스턴트 박진이)
기획 · 마케팅 내도우리, 엄지혜

편집주간 박성주
펴낸이 조준일

펴낸곳 (주)레시피팩토리
주소 서울특별시 용산구 한강대로 95 래미안용산더센트럴 A동 509호
대표번호 02-534-7011
팩스 02-6969-5100
홈페이지 www.recipefactory.co.kr
애독자 카페 cafe.naver.com/superecipe
출판신고 2009년 1월 28일 제25100-2009-000038호

제작 · 인쇄 (주)대한프린테크

값 21,000원

ISBN 979-11-92366-25-8

* 제품 협찬 : 뉴트라이즈(www.nutraease.co.kr)
* 인쇄 및 제본에 이상이 있는 책은 구입하신 서점에서 교환해 드립니다.